国家级职业教育规划教材

全国职业院校烹饪专业教材

西餐烹调工艺

U0274635

黄国秋　主编

中国劳动社会保障出版社

简 介

本书介绍了西餐烹调工艺的有关知识，内容包括西餐概述、西餐常用厨具设备、西餐厨房管理、西餐原料知识、西餐原料加工工艺、西餐配菜制作工艺、西餐沙司制作工艺、西餐基础汤和汤菜制作工艺、西餐冷菜制作工艺、西餐热菜制作工艺、西式早餐与快餐。

本书既讲解了西餐烹调工艺的基本理论知识，又精选了多种具有代表性的西餐菜式，详细介绍了每一品种的制作方法，将理论与实践较好地融合在一起。本书内容实用，图文并茂，讲解细致，贴近职业院校烹饪专业教学实际。

本书由黄国秋任主编，李浩莹、孟繁宇、朱旭任副主编，孙耀恒、王海滨、张贺男、孙锡权、冯立彬参与编写，汪洪波任主审。

图书在版编目（CIP）数据

西餐烹调工艺 / 黄国秋主编 . -- 北京：中国劳动社会保障出版社，2023

全国职业院校烹饪专业教材

ISBN 978-7-5167-5783-3

Ⅰ. ①西…　Ⅱ. ①黄…　Ⅲ. ①西式菜肴 – 烹饪 – 中等专业学校 – 教材　Ⅳ. ① TS972.118

中国国家版本馆 CIP 数据核字（2023）第 179141 号

中国劳动社会保障出版社出版发行

（北京市惠新东街 1 号　邮政编码：100029）

*

北京市白帆印务有限公司印刷装订　　　新华书店经销

787 毫米 ×1092 毫米　16 开本　17.5 印张　335 千字

2023 年 10 月第 1 版　　2023 年 10 月第 1 次印刷

定价：49.00 元

营销中心电话：400-606-6496

出版社网址：http://www.class.com.cn

http://jg.class.com.cn

前　言

近年来，随着我国社会经济、技术的发展，以及人们生活水平的提高，餐饮行业也在不断创新中向前发展。餐饮业规模逐年增长，新标准、新技术、新设备和新方法不断出现，人们对餐饮的需求也日益丰富多样。随着餐饮行业的发展，餐饮企业对从业人员的知识水平和职业能力水平提出了更高的要求。为了培养更加符合餐饮企业需要的技能人才，我们组织了一批教学经验丰富、实践能力强的一线教师和行业、企业专家，在充分调研的基础上，编写了这套全国职业院校烹饪专业教材。

本套教材主要有以下几个特点：

第一，体系完整，覆盖面广。教材包括烹饪专业基础知识、基本操作技能及典型菜品烹饪技术等多个系列数十个品种，涵盖了中式烹调技法、西式烹调技法及面点制作等各方面知识，并涉及饮食营养卫生、烹饪原料、餐饮企业管理等内容，基本覆盖了目前烹饪专业教学各方面的内容，能够满足职业院校烹饪教学所需。

第二，理实结合，先进实用。教材本着"学以致用"的原则，根据餐饮企业的工作实际安排教材的结构和内容，将理论知识与操作技能有机融合，突出对学生实际操作能力的培养。教材根据餐饮行业的现状和发展趋势，尽可能多地体现新知识、新技术、新方法、新设备，使学生达到企业岗位实际要求。

第三，生动直观，资源丰富。教材多采用四色印刷，使烹饪原料的识别、工艺流程的描述、设备工具的使用更加直观生动，从而营造出更

加直观的认知环境，提高教材的可读性，激发学生的学习兴趣。教材同步开发了配套的电子课件及习题册。电子课件及习题册答案可登录技工教育网（jg.class.com.cn），搜索相应的书目，在相关资源中下载。部分教材针对教学重点和难点制作了演示视频、音频等多媒体素材，学生扫描二维码即可在线观看或收听相应内容。

　　本套教材的编写工作得到了有关学校的大力支持，教材的编审人员做了大量的工作，在此，我们表示诚挚的谢意！同时，恳切希望广大读者对教材提出宝贵的意见和建议。

人力资源社会保障部教材办公室

目　录

第一章
西餐概述

学习目标

1. 了解西餐的特点。
2. 熟悉西餐常见菜式及其特点。
3. 了解西餐的组成。
4. 了解西餐工艺的特点。

第一节 西餐的概念、特点及发展过程

一、西餐的概念

西餐是欧美国家（尤其以法、英、美、德、意、俄等为代表）饮食的总称。

欧美各国都有独特的烹饪方法、饮食风味和饮食习惯，但他们在政治、宗教、文化及生活习俗等方面又有着千丝万缕的联系，并相互影响，所以，欧美各国在菜点制作方法和饮食习俗等方面又有许多共同之处。我国和部分东方国家（地区）将这些风格特点相近而与东方饮食迥然不同的欧美国家饮食统称为西餐。

随着社会经济的发展，西餐又有了新的内涵。现代西餐是指根据西餐基本制作方法，融入世界各地文化、烹饪技术与配料，使用各地特有原料制作并形成一定风格和特点、拥有一定知名度的饮食。

随着人们对西餐中各菜式了解的加深，一些地方开始对西餐菜式加以更加细致的区分，例如，出现了法式餐厅、意式餐厅等，这说明，西餐的概念在一定程度上趋于淡化，但西餐作为一个整体概念仍继续存在。

二、西餐的特点

尽管西餐在不同的历史发展阶段各具特点，而且各个菜式的特点也不尽相同，但

总的来说，西餐有以下三个鲜明的特点：

第一，西餐以刀、叉、匙为主要进食工具。

第二，西餐在烹饪方法和菜点风味上充分体现欧美特色。

第三，西餐在服务方式、就餐习俗和情调上充分反映出欧美文化的特征。

三、西餐的发展过程

一般将西餐的发展过程分为三个阶段，即古代的西餐、中世纪的西餐、近现代的西餐。

1. 古代的西餐

据史料记载，在古埃及法老的餐桌上已经出现了奶、啤酒、无花果酒、葡萄酒、面包、蛋糕及诸多菜肴。古埃及的饮食文化对后来的古希腊饮食文化有一定影响。

古希腊的饮食文化是西餐的重要源头。当时的贵族很讲究饮食，人们的日常食物已经有牛肉、羊肉、鱼肉、奶酪及各式面包等。

古罗马时期，受希腊文化的影响，宫廷膳食分得很细，由面包、菜肴、果品、葡萄酒4个部分组成。当时已经有了胡椒粉、芥末等调味料，古罗马人还制作了最早的奶酪蛋糕。罗马帝国时期，出现了专门的厨师学校，以培养烹饪人才，传播烹饪技术。

2. 中世纪的西餐

欧洲中世纪时期，王公贵族对饮食的奢侈追求，使西餐中不断出现新的菜式。同时，由于罗马帝国的没落和外族的入侵，西餐的发展在一定程度上受到抑制，但频繁的征战也促进了欧洲各地原料、烹饪方法、饮食习惯的交融。

1066年，法国公爵威廉登上了英格兰王位，从此英伦三岛的饮食习惯和烹饪方法等长期受到法国饮食文化的影响。例如，英语中的小牛肉、牛肉和猪肉等词汇都是从法语演变过来的。法国复杂多变的烹饪方法也改变了英国长期单一的烹饪方法。

十字军东征对意大利的饮食文化产生了较大影响，主要表现在新的香料、果蔬和烹饪方法的应用。

3. 近现代的西餐

欧洲文艺复兴后期，意大利菜发展到了一个成熟、鼎盛的时期。现在意大利菜的所有原料在当时都已出现，其中包含了世界各地的食品原料。

1533 年，意大利的凯瑟琳公主嫁到法国，将意大利菜的烹饪技术和饮食礼仪带到法国，对法国的饮食文化产生了很大影响。

法国国王路易十四非常讲究就餐的仪式与排场，他还组织凡尔赛宫的厨师和侍膳人员举办烹饪比赛。此后的路易十五、路易十六也都非常讲究饮食。法国因此名厨迭出，厨师在当时成为一种社会地位较高而且具有艺术性的职业。在这种背景下，西餐得到了快速的发展。

1789 年法国大革命后，一些宫廷名厨流向民间，或做家庭厨师，或开餐馆营业。由此，宫廷美食与民间饮食逐渐融合，开创了法国菜的新纪元，西餐也发展到了一个崭新的阶段。

十九世纪中叶，法国名厨奥古斯特·爱斯克菲系统地整理出一本法国菜烹饪指南，这本指南成为世界各地的法国菜烹饪经典文献。

随着时代的发展，现代西餐已形成西式正餐与西式快餐并存的模式。西餐的烹饪设备、烹饪技法和烹饪原料在不断创新，同时，由于营养学与微生物学的发展，现代西餐更加注重营养科学，这些共同造就了现代西餐用料精致、工艺独特、讲究老嫩、就餐方式别致、营养卫生的特点。可以说，无论是在知识上还是技术上，现代西餐都已经达到成熟的境界。

四、西餐在我国的传播和发展

西餐在我国的传播和发展，大致经历了以下几个阶段。

1. 十七世纪中叶以前

在古代中外交往过程中，西餐逐渐传入我国，但其起始时间尚无定论。

在漫长的封建社会，中西方的交往十分有限。当时在食品方面有一些物产的有限交流。十三世纪，意大利人马可·波罗曾将一些意大利菜点的制作方法传到中国，但未形成规模效应。

2. 十七世纪中叶——十九世纪初

十七世纪中叶，西欧一些国家的商人陆续来到我国广东等沿海地区通商，一些政府官员和传教士则到我国部分城镇进行传教等活动。由此，他们也将西方的饮食文化和一些菜点制作方法带到中国。

清代初期，来华的西方商人和传教士逐渐增多，在与他们交往的过程中，国内一些王公贵族和政府官吏逐步对西餐有了了解并产生兴趣，有时也会吃西餐。但当时，我国的西餐业还没有完整形成。

3. 十九世纪中叶——二十世纪三四十年代

这一时期，西方饮食文化大规模传入中国。尤其是二十世纪二三十年代，西餐在我国传播速度极快。

1840 年鸦片战争以后，来华的西方人与日俱增，西餐在我国随之得到更广泛的传播。

清光绪年间，在西方人较多的上海、北京、天津、广州等地，出现了以营利为目的、专门经营西餐的"番菜馆"和咖啡厅、面包房等。我国的西餐业由此成型。当时，北京开设的较著名的西餐馆有"六国饭店""醉琼林"和"裕珍园"等。

当时美国传教士所编著的《造洋饭书》在上海出版，此书为来华的传教士等西方人培训西餐厨房人员而编写。

二十世纪初，国内出现了一批由中国人撰写的普及西餐知识的图书，如卢寿筬的《烹饪一斑》、李公耳的《西餐烹饪秘诀》、王言纶的《家事实习宝鉴》、梁桂琴的《治家全书》等。

4. 中华人民共和国成立后至今

中华人民共和国成立前夕，由于连年战乱，国内的西餐业已濒临绝境，从业人员所剩无几。

中华人民共和国成立后，随着中国国际地位的提高，世界各国与我国的友好往来日益频繁，国内陆续建起一批经营西餐的餐厅、饭店。由于当时我国与苏联和东欧国家交往密切，所以，二十世纪五六十年代我国的西餐以俄式菜发展较快。

"文革"期间，经济发展停滞，国内的西餐业衰退严重，但并未消失。

二十世纪七十年代末八十年代初，西餐业在中国重新获得发展。西餐厅大量兴建，国外西式快餐企业大量涌入，逐步扩展到我国多个城市，特别是西餐连锁店发展很快，极大地丰富了我国的餐饮市场。

随着我国经济的飞速发展和人民生活水平的提高，我国的西餐业已经比较成熟，市场规模和消费群体稳步扩大，成为我国餐饮业的重要组成部分。

第二节　西餐常见菜式

　　西餐是一个统称，具体包括很多菜式，如法国菜、意大利菜、英国菜、美国菜、俄罗斯菜、德国菜、西班牙菜、希腊菜、澳大利亚菜等，它们各自有比较鲜明的特色。目前比较流行的菜式主要有法国菜、意大利菜、英国菜、美国菜、俄罗斯菜等。

一、法国菜

1. 概况

　　长期以来，法国饮食在国际饮食界尤其是欧洲饮食界占主导地位。

　　二十世纪六十年代，一些有威望的法国厨师掀起了新派法国菜的潮流，提出"自由烹饪菜"的号召，提倡烹调应随时代而改进，强调通过缩短烹饪时间保留食物的鲜味。由此，法国菜中过于油腻的菜逐渐减少，清淡的菜相应增多，受到很多食客的欢迎。

2. 主要特点

　　（1）讲究烹饪方法，注重火候

　　法国人多喜欢吃略生的菜肴，例如，牛羊肉通常烹调至六七成熟即可，海鲜烹调时不可过熟，甚至许多菜是生吃的。

　　法国菜注重酱料（沙司），制作极费功夫，且讲究灵活运用。

法国菜常用的烹饪方法有烤、炸、氽、煎、烩、焖等，菜肴偏重浓、酥、烂，口味以咸、甜、酒香为主。

（2）选料广泛，制作精细

法国菜选料相对广泛，蜗牛、动物内脏等不常见的原料在法国菜中出现较多。常见的法国菜原料包括牛肉、海鲜、蔬菜及鱼子酱，辅料方面习惯选用大量的酒、黄油、鲜奶油及各式香料。

（3）擅长使用香料，重视酒的运用

法国人用餐时十分讲究饮酒，重视菜肴与酒的搭配，高档法餐甚至对配餐用酒的名称、厂家和酿造年份都有严格的讲究。法国人一般在吃菜前先喝一杯味美思酒或威士忌作为开胃酒，吃鱼时要饮干白葡萄酒，吃红肉时要饮红葡萄酒等。

法国菜对调味用酒也有严格的要求，烹制不同的菜肴时一定要用相应的酒。例如，烹调水产品常用干白葡萄酒或白兰地去腥味，烹调牛肉及羊肉习惯使用马德拉酒（Madeira wine）等葡萄酒去膻味，制作西点一般用朗姆酒（rum）调味。

除了酒类，法国菜里还要加入各种香料，以增加香味，常用的香料有大蒜（garlic）、欧芹（parsley）、迷迭香（rosemary）、他拉根香草（tarragon）、百里香（thyme）、茴香（anise）、鼠尾草（sage）等。各种香料都有独特的香味，放入不同的菜肴中，就形成了不同的风味。法国菜对香料的运用也有规定，不同菜肴所放香料的种类和比例，都有一定之规。可以说，酒类和香料是法国菜的两大重要特色。

（4）配菜十分丰富，菜肴名品迭出

法国菜对配菜十分讲究，规定每种菜的配菜不能少于两种，而且要求烹饪方法多样，仅土豆就有几十种做法。

法国菜有很多知名菜肴，其中最著名的是鹅肝酱，它与黑松露、鱼子酱被称为"法餐三宝"。此外还有焗蜗牛、牡蛎杯、洋葱汤等。著名的地方菜有南特的奶油鲮鱼、鲁昂的带血鸭子、马赛的普罗旺斯鱼汤等。

二、意大利菜

1. 概况

意大利的农业和食品工业都很发达，以面条、奶酪和萨拉米肠著称于世。意大利菜与法国菜齐名，也是当今西餐的主流。

意大利菜以海鲜类菜肴为主，强调原料原有的鲜味。意大利南北地理、气候差别很大，自然而然形成了两种烹调特色。其北部接近法国，受法国菜的影响较大，有一些加入奶油等乳制品的菜式，味道浓郁，而调味比较简单。南部则喜欢使用大量番茄酱、辣椒及橄榄油，菜肴味道要丰富一些。

意大利菜的代表品种有意大利菜汤、菠菜焗面条、奶酪焗通心粉、佛罗伦萨式焗鱼、罗马式炸鸡、比萨等。

2. 主要特点

（1）烹饪方法多样，菜肴原汁原味

意大利菜以原汁原味、味浓香烂闻名，烹调方法以炒、煎、炸、焖等为主，喜用面条、米饭入菜而不将其作为主食。意大利人喜欢吃烤羊腿、煎牛排等口味醇厚的菜。

（2）以面食品种丰富著称

意大利面食有各种不同的形状，如通心形、螺旋形、贝壳形等。将面食配以不同的沙司，可形成上百种口味。常见的番茄沙司是用黄油、奶酪、火腿、鸡蛋、甜椒、牛肉及番茄做成的酱，鲜香味美。

三、英国菜

1. 概况

英国自身的粮食及畜牧产品不足以自给，需要依赖进口，所以，英国菜在一定程度上受外国影响较多。历史上，法国和意大利的饮食文化为传统的英国菜打下了基础。不过，英国在文化上偏保守，所以英国的传统饮食习惯及烹调技巧在当代仍有所保留。

英式早餐很丰盛，一般有各种蛋品、麦片粥、咸肉、火腿、香肠、黄油、果酱、面包、牛奶、果汁、咖啡等，受到西方各国民众的普遍欢迎。另外，英国人喜欢喝茶，有在下午三点左右吃茶点的习惯，一般是一杯红茶或咖啡再加一份点心。英国人把喝茶当作一种享受，也当作一种社交方式。

英国菜的代表品种有鸡丁沙拉（diced chicken salad）、烤虾蛋奶酥（roasted shrimp soufflé）、土豆烩羊肉（lamb stew with potato）、烤羊鞍（roasted lamb saddle）、牛腰子派（beef kidney pie）、炸鱼排（fried fish chop）、皇家奶油鸡（chicken à la king）等。

2. 主要特点

（1）口味清淡，选料受到局限

英国菜选料的局限性比较大。英国人不讲究吃海鲜，比较偏爱牛肉、羊肉、禽类、蔬菜等。

英国菜调味也较简单，口味清淡，油少不腻，但餐桌上的调味料种类却很多，顾客可根据自己的爱好调味。在调味料的使用上，多数人喜好奶油及酒类。英国菜多使用肉豆蔻、肉桂等新鲜香料。

（2）烹饪方法简单而富有特色

英国菜的烹饪方法大都比较简单，多采用烩、烧烤、煎和油炸等烹饪方法，畜类、禽类等大都整只或大块烹制。英国人喜欢狩猎，在狩猎期中，许多饭店或餐厅会推出野味类菜肴，如用野鹿、野兔、野山羊等烹制的菜肴。烹调野味时，一般用一些杜松子（或浆果）及酒，以便去除原料本身的膻腥味。

四、美国菜

1. 概况

美国是一个移民国家，所以美国菜的特点是东西交汇、南北融合。由于最初的移民中英国人较多，且美国独立前受英国统治，所以美国菜主要在英国菜的基础上发展而来，继承了英国菜简单、清淡的特点。

美国菜大致可分为三个菜系：一是以加利福尼亚州为主的带有都市风格的菜系；二是带有英国传统特色的菜系，保留了传统的菜点，又增加了一些用当地原料制作的新品种；三是以得克萨斯州为主的墨西哥菜系，受南美洲的影响很大，不少菜带有辣味，味道浓烈。

美国菜的代表品种有烤火鸡、橘子烧野鸭、美式牛扒、苹果沙拉、糖酱煎饼等。

2. 主要特点

（1）口味清淡，烹饪方法独特

美国菜总体上口味清淡，美国人偏爱扒制类的菜肴。

（2）常用水果作为主要原料

美国富产水果，除了将水果生食外，还常常制作水果沙拉，或将水果作为配料与菜肴一起烹制，成菜如菠萝焗火腿、菜果烤鸭。

（3）讲究营养，注重快餐的发展

美国人对饮食要求并不高，主要讲究饮食是否科学、营养，讲求效率和方便，一般不在食物精美细致上下功夫。美国人的早餐和午餐较为简单，早餐一般有烤面包、麦片粥、咖啡、牛奶、煎饼，午餐多为快餐，有三明治、汉堡包、饮料等。美国人较为注重晚餐，常吃的主菜有牛排、炸鸡、火腿和蔬菜，主食有米饭或面条等。

五、俄罗斯菜

1. 概况

俄罗斯地跨欧亚，但绝大部分居民居住在欧洲部分，因而其饮食文化更多地受到欧洲大陆的影响，呈现出欧洲大陆饮食文化的基本特征。

俄罗斯菜的代表品种有鱼子酱、莫斯科红菜汤、莫斯科式烤鱼、黄油鸡卷、红烩牛肉等。

2. 主要特点

（1）注重小吃，擅长制作汤菜

俄式小吃品种繁多，风味独特。俄罗斯人还擅长做汤菜，品种多达几十种。

（2）口味浓郁，烹饪方法多样

俄罗斯气候寒冷，人们需要补充较多的热量，所以俄罗斯菜一般用油比较多，口味也较浓重，而且酸、甜、咸、辣各味俱全，烹饪方法以烤、焖、煎、炸、烩、熏为主。

第三节　西餐的组成

西餐中，除了大型宴会（如冷餐会、鸡尾酒会）及快餐外，饭店供应西餐最常见的形式是套餐。同时，不论在餐馆或在家庭均实行严格的分餐制，上菜顺序及上菜方法都有一定之规。

在大多数欧美国家，套餐依次由开胃菜（appetizer）、汤（soup）、主菜（main course）、甜点（dessert）组成。而在有些国家如法国，套餐的顺序略有变化，依次是汤、开胃菜、主菜、甜品。

一、开胃菜

开胃菜也称头盘，其目的是促进食欲。开胃菜不是主菜，即使将其省略，对正餐菜肴的完整性及搭配的合理性也不会产生影响。

开胃菜的特点是量少而精，味道独特，色彩与餐具搭配和谐，装盘方法别致。开胃菜主要包括冷菜和少量热菜（如焗蜗牛 baked snail、烤蛤蜊 baked clam）等，其中冷菜又包括开那批（canapé）类开胃菜、鸡尾杯类开胃菜、迪普（dip）开胃菜、鱼子酱开胃菜、批（pate）类开胃菜、沙拉类开胃菜等。

二、汤

西餐中的汤主要起开胃的作用。汤一般分为浓汤与清汤两大类。清汤有冷、热之分，浓汤有奶油汤、蔬菜汤、菜泥汤等。

西餐中的汤主要有法国洋葱汤（French onion soup）、法国海鲜汤（French seafood soup）、蛤蜊汤（clam chowder）、意大利蔬菜汤（minestrone）、罗宋汤（Russian broth）等。

三、主菜

1. 水产类菜肴

西餐中的水产类菜肴种类很多，主要原料为各种淡水鱼、海水鱼、虾蟹及贝类。水产类菜肴与蛋类、面包类菜肴均称为小盘菜。因为鱼类肉质较嫩，比较容易消化，所以鱼类菜肴一般放在禽类和畜类菜肴的前面。西餐吃鱼讲究使用专用的调味汁，如鞑靼汁、荷兰汁、白奶油汁、大主教汁、美国汁和水手鱼汁等。

2. 畜类菜肴

畜类菜肴的原料取自牛、羊、猪等畜类各个部位的肉，其中最有代表性的是牛肉或牛排。牛排按部位不同分为沙朗牛排（也称西冷牛排，sirloin steak）、菲力牛排（tenderloin steak）、T骨牛排（T-bone steak）、快熟薄牛排（minute steak）等，其烹饪方法主要是烤、煎、扒等。畜类菜肴主要使用西班牙汁、浓烧汁、蘑菇汁、班尼斯汁等调味汁。

3. 禽类菜肴

禽类菜肴的原料多取自鸡、鸭、鹅，其中以鸡为主，包括山鸡、火鸡、竹鸡等。西餐中通常将兔肉和鹿肉等野味也归入禽类菜肴。禽类菜肴的烹饪方法主要是煮、炸、烤、焖，主要使用咖喱汁、奶油汁等调味汁。

4. 蔬菜类菜肴

蔬菜类菜肴可以安排在肉类菜肴之后，也可以与肉类菜肴同时上桌。蔬菜类菜肴在西餐中称为沙拉，与主菜同时供食的沙拉称为生蔬菜沙拉。沙拉一般用生菜、番茄、黄瓜等制作，主要调味汁有油醋汁、法国汁、千岛汁、奶酪沙拉汁等。

有一类沙拉是用鱼、肉、蛋类制作的，这类沙拉一般不加调味汁，可以作为头盘。

有一些蔬菜类菜肴是熟食的，如煮花椰菜、煮菠菜、炸土豆条。熟食的蔬菜类菜

肴通常与主菜中的肉类菜肴一同摆放在餐盘中上菜，称为配菜。

四、甜品

甜品包括所有主菜后的食物，如布丁、煎饼、冰激凌、奶酪、水果等。

第四节　西餐工艺

西餐工艺主要包括选料工艺、原料加工工艺、原料组配工艺、菜肴制作工艺、菜肴盛装工艺等，菜肴制作工艺又包括配菜制作工艺、沙司制作工艺、基础汤和汤菜制作工艺、冷菜制作工艺、热菜制作工艺、早餐与快餐制作工艺等。

一、西餐工艺的特点

1. 设备、工具先进

西餐使用的厨房设备、工具高效耐用，安全卫生，许多设备、工具已由机械化发展到电子化，如微波炉、电磁炉、可调节电油锅、万能蒸烤箱、自动炒菜锅等。西餐原料加工也大多使用机械设备，如切肉机、切菜机、绞肉机、粉碎机、搅拌机等，切出的原料整齐均匀。

2. 营养搭配科学严格

西餐原料组配科学严格，统一配料，统一规格，营养均衡合理，同一产品的风味质量不受制作数量和制作速度的影响。在西餐中，主料、配料之间一般都有固定的配比。

3. 烹饪方法别具一格

西餐常用的烹饪方法有煎、炸、烩、扒、烘、烤、铁板煎等，其中扒、烤在西餐中尤具特色。许多高档菜多用扒、烤、铁板煎等方法烹制，如烤火鸡、扒牛排等。

由于西餐烹调所用原料普遍较厚而大，烹制时不易入味，所以成菜大都配有沙司。调味沙司一般与主料分开，单独烹制。

西餐除部分菜肴需荤素混合制作外，大多数菜肴要求荤素分开烹制。

4. 注重肉类菜肴的老嫩程度

西餐对肉类菜肴特别是牛肉、羊肉的老嫩程度很讲究。服务员在接受点菜时，必须问清顾客的要求，厨师应按照顾客的口味进行烹制。一般肉类有 5 种不同的成熟度，即全熟（well done）、七分熟（medium well）、五分熟（medium）、三分熟（medium rare）、一分熟（rare）。

二、学习西餐工艺的意义

西餐工艺作为一种异域的烹饪技艺，自成体系，特点鲜明。学习西餐工艺，可以使中国消费者品尝到不同风味的美食，增进对西方饮食文化的了解。

学习西餐工艺，吸取西餐工艺之长，如学习西餐在选料、营养、卫生标准等方面的做法，可以丰富、完善、发展、提高中餐烹饪技艺。

现代西式快餐在标准化、工业化和连锁经营方面的经验，可以给中国餐饮企业经营发展提供借鉴和参考。

学习西餐工艺，还可以满足来华学习、工作、旅游的外国友人的消费需求，促进旅游事业和外交事业的发展。

三、学习西餐工艺的基本要求

1. 学好外语

西餐工艺对外语有很高的要求。不懂外语，就看不懂外文专业书籍、文献，就不

能直接与外国厨师交流，也无法理解和掌握西餐工艺的精髓，无法深入地研究西餐。

2.熟练掌握基本功

西餐烹调是一项较繁重的体力劳动，同时又是复杂细致的技术工作。西餐品种繁多，烹调中要掌握火候、调味等方面的多种变化，对基本功有很高要求。

西餐从业人员一定要具有扎实的基本功，例如，掌握设备和工具的正确使用方法与保养方法，掌握原料的鉴别与保管知识，熟练掌握原料的加工方法，熟悉基础汤、沙司的制作方法以及各种基本的西餐烹饪方法。

思考题

1. 如何理解西餐的概念？
2. 西餐在我国的传播与发展分为哪几个阶段？
3. 法国菜、英国菜、意大利菜、美国菜、俄罗斯菜各有什么特点？
4. 简述西餐的组成。
5. 西餐工艺的特点是什么？

第二章

西餐常用厨具设备

学习目标

1. 了解西餐常用厨具设备的类型、特点、作用。
2. 能够正确使用西餐常用厨具设备。

第一节　西餐常用厨具

西餐厨具品种繁多，按用途不同可分为烹调工具和计量工具两大类，每一类又可进一步细分。

一、烹调工具

1. 锅

锅主要分为高汤锅、双耳汤锅、焖锅、平底锅、单柄沙司锅等。锅的材质主要有铜、铸铁、不锈钢等。

（1）高汤锅

高汤锅（stockpot）也称汤桶，其身细长，旁有耳状环，上面有盖，主要用于熬煮高汤。

（2）双耳汤锅

双耳汤锅（saucepot）深度适中，主要用于制作汤菜。

高汤锅

（3）焖锅

焖锅（stewpot）锅口较宽，深度较浅，锅壁较厚，主要用于焖、烩菜肴。

双耳汤锅　　　　　　　　　　　焖锅

（4）平底锅

平底锅（flat pan）也称煎锅（frying pan），是深度较浅的圆形单柄锅，主要用于煎、炒菜肴及快速浓缩汤汁。锅壁有的倾斜，有的垂直。

（5）单柄沙司锅

单柄沙司锅（saucepan）有大、中、小三种容量，主要用于调制沙司和浓缩汤汁等。

平底锅　　　　　　　　　　　单柄沙司锅

2. 刀具

西餐刀具种类多样，具体形状、大小等与加工原料相对应。刀具材质主要有不锈钢、中低碳钢、高碳钢等。不锈钢刀虽然不生锈，但不够锋利；用中低碳钢制作的碳钢刀锋利但易生锈，价格适中，应用面广；高碳钢刀结合了前面二者的优点，锋利而不生锈，但价格较贵。

（1）西餐刀

西餐刀（chef's knife）长 15~40 厘米，刀头尖或圆，刀刃锋利，用途广泛。

西餐刀

（2）屠刀

屠刀（butcher knife）刀身重，刀背厚，刀刃锋利呈弧形，用于分解大块生肉。

屠刀

（3）出骨刀

出骨刀（boning knife）长约 15 厘米，又薄又尖，用于生肉出骨。

出骨刀

（4）去皮刀

去皮刀（paring knife）刃利，长 6~10 厘米，用于蔬果去皮、分割。

去皮刀

（5）沙拉刀

沙拉刀（salad knife）形状与西餐刀相似，尖头短刃，用于冷菜制作。

沙拉刀

（6）锯齿刀

锯齿刀（serrated knife）刀身较长，刀刃呈锯齿状，用于切面包、蛋糕等西点。

锯齿刀

（7）刮抹刀

刮抹刀（spatula）长 8~25 厘米，刀面较宽，用于抹奶油等。

（8）牡蛎刀

牡蛎刀（oyster knife）刀头尖，刀身短而薄，用于挑开牡蛎外壳。

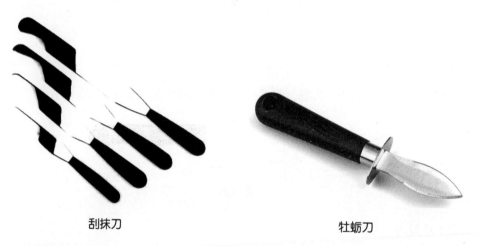

刮抹刀　　　　　　　　　　　牡蛎刀

3. 其他烹调工具

（1）肉叉

肉叉（fork）也称厨师叉（chef's fork），常搭配厨师刀使用，用于切肉时佐刀、烹调时翻转肉块，或用于烹饪表演。

肉叉

（2）肉锯

肉锯（meat saw）有细齿薄刃，用于锯开大骨头。

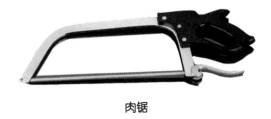

肉锯

（3）肉锤

肉锤（meat tenderizer）有锤一头为蜂窝面或平面，用于捶松或拍扁肉类，破坏肉的结缔组织，使其质嫩。

（4）磨刀棒

磨刀棒（sharpening rod）经过磁化处理，用以磨刀，使刀保持锋利。

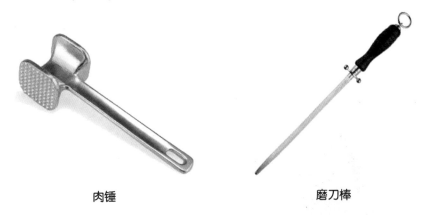

肉锤　　　　　　　　　　　　磨刀棒

（5）砧板

砧板（cutting board）多为木质或塑料材质。

砧板

（6）筛子

筛子（sieve）主要用于筛面粉等。

（7）食品夹

食品夹（food tongs）是有弹性的"V"形夹钳，用于夹食物。

筛子　　　　　　　　　　　　　　　食品夹

（8）擦板

擦板（grater）属于多用途加工工具，可以将奶酪擦成较粗的末，也可以将土豆擦成片、丝等形状。

（9）挖球器

挖球器（melon baller）可将蔬菜、水果等挖成球状，有多种规格。

擦板　　　　　　　　　　　　　　　挖球器

（10）冰激凌球勺

冰激凌球勺（ice cream scoop）由球勺（半球形）与手柄两部分组成，勺底有一半圆形薄片，捏动手柄，薄片可以转动，使冰激凌呈球形造型。

（11）打蛋器

打蛋器（egg whisk）用不锈钢丝缠绕而成，用于打发或搅拌食物原料，如蛋清、蛋黄、奶油等。

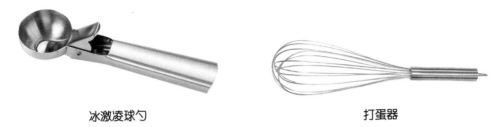

冰激凌球勺　　　　　　　　　　　　　　打蛋器

（12）切蛋器

切蛋器（egg slicer）用于将去壳的熟蛋切成薄片或分成若干块。

切蛋器

（13）烤盘

烤盘（roasting pan）与烤箱配套使用，一般为长方形，用于烤制肉类、鱼类、蛋糕、面包、饼干等。

（14）滤网

滤网根据用途不同可分为笊篱（strainer）、帽形滤网（cap strainer）、滤篮（colander）、漏勺（skimmer）等类型。

烤盘　　　　　　　　　　　　　　滤网

（15）铲

铲（scoop）主要包括锅铲、蛋铲，有的铲面有小孔或长方形孔槽，以便沥油或沥水。

（16）搅板

搅板形似船桨，是专门用于搅打沙司的工具，有时也用于搅拌原料和菜肴。使用搅板可以保护锅，尤其是不粘锅。

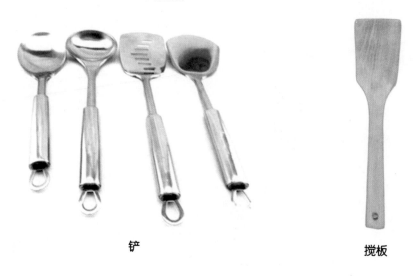

铲   搅板

（17）模具

模具（mould）一般用铜、不锈钢制成，用于制作各色蛋糕、饼干、面皮和布丁等。

模具

二、计量工具

1. 量杯

量杯（measuring cup）一般用塑料或玻璃制成，有柄，杯壁有刻度，用于量取液体原料。

2. 量匙

量匙（measuring spoon）是用来量取少量液体或粉状固体原料的量器，有 1 茶匙、1/2 茶匙、1/4 茶匙、1 汤匙、1/2 汤匙等规格，有的是 1 毫升、2 毫升、5 毫升、25 毫升为一套。

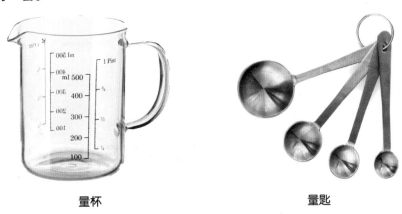

量杯　　　　　　　　　　　　　量匙

3. 电子秤

电子秤（electronic scale）是比较精确的计量工具。

电子秤

4. 温度计

温度计（thermometer）用于测量油温、糖浆温度及肉类等的中心温度。常用的

温度计分为有普通温度计、探针温度计以及油脂、糖测量温度计等。

探针温度计

第二节　西餐常用设备

西餐设备主要指各种炉灶、烘烤设备、加工设备、制冷设备和保温设备等。现代西餐设备经济实用，生产效率高，操作方便。一些组合式西餐设备的自动化程度很高，带有温度控制和时间控制装置。

一、炉灶

1. 燃气灶

燃气灶（gas cooker）分为明火灶、暗火烤箱与控制开关等部分。灶面平坦，上面有4~6个正火眼与支火眼，火眼上有活动炉圈或铁条，可用于烹煮食物。灶下面是烤箱，可用

燃气灶

于烤制食品。较高级的燃气灶还有自动点火和温度控制等功能。

2. 平扒灶

平扒灶（griddle）俗称扒板，其表面是一块较厚的铁板，四周是滤油槽，滤油槽的下方是一个能拉出来的可接灶面剩油的铁盒。平扒灶靠铁板的传热来烹制菜肴，优点是受热均匀且工作效率高。

3. 扒炉

扒炉（grill）的炉面架有约 20 根铁条，排列在一起，间距约 2 厘米。铁条下面以木炭、燃气生火或用电加热。

平扒灶　　　　　　　　　　　　　　　　扒炉

4. 油炸炉

油炸炉（deep fryer）由油槽、过滤器及温度控制装置等部分组成，主要用于炸制食物。其特点是工作效率高、滤油方便。

油炸炉

5. 蒸汽汤炉

蒸汽汤炉（steaming soup cooker）容积大，可容汤水数十千克。它以蒸汽加热，不易搬动，常设一个摇动装置使汤炉倾斜。

蒸汽汤炉

二、烘烤设备

1. 电烤箱

电烤箱（electronic oven）利用电热管发出的热量烘烤食物，耗电少，清洁卫生，使用安全。

电烤箱

2. 明火烤炉

明火烤炉（salamander）形似烤箱，顶端有发热装置，适于制作需要表面加热的菜肴。其优点是热效率高，卫生方便。

3. 多功能蒸烤箱

多功能蒸烤箱（combination steam oven）具有蒸和烤两种功能，可根据实际烹调需要调整温度、时间、湿度，省时省力。

明火烤炉

多功能蒸烤箱

三、切割搅拌加工设备

1. 粉碎机

粉碎机（grinder）由电动机、原料容器和刀片组成，多用于打碎蔬菜水果，也可混合搅打浓汤、调味汁等。

粉碎机

2. 切片机

切片机（slicer）以手动或自动方式将食物切成片，操作过程中可将切片厚度控制在设定的范围内，使切成的片厚薄一致。

3. 搅拌机

搅拌机（electronic blender）有专用打蛋机和多功能搅拌机两类。前者主要用于搅打蛋液，后者除可搅打蛋液外，还可用来打蛋白膏或调制各种点心、面包的面团。使用多功能搅拌机时，要注意根据制品的不同要求选择搅拌速度和搅拌桨。

切片机   搅拌机

四、面点加工设备

1. 醒发箱

醒发箱（fermentation box）用于面团醒发。目前国内常见的醒发箱有两种。一种结构较为简单，靠箱底的电热棒将水加热形成蒸汽，使面团醒发。另一种结构较为复杂，可自动调节温度、湿度，使用方便、安全，醒发效果较好。

2. 和面机

和面机（dough mixer）有立式和卧式两种类型。卧式和面机结构简单，运行稳定，使用方便；立式和面机对面团拉、抻、揉的力度大，面团中面筋形成充分，有利于面包内部形成良好的组织结构。

醒发箱

立式和面机

3. 擀面机

擀面机（dough rolling machine）由托架、传送带和压面装置组成，用于将面团压成面片或擀压酥层。

擀面机

五、制冷设备

1. 电冰箱、冷柜和冷库

电冰箱、冷柜和冷库的共同特点是具有隔热保温的外壳和制冷系统。其按冷却方

式不同分为直冷式和风扇式两种，温度范围在 −40~10 ℃之间，多具有自动恒温控制、自动除霜等功能。

电冰箱和冷柜

2. 制冰机

制冰机（icemaker）由冰槽、喷水头、循环水系统、冰块滑道、贮冰槽等组成，用于制作冰块、碎冰和冰花。

3. 冰激凌机

冰激凌机（ice cream machine）由制冷系统和搅拌系统组成，用于制作各式冰激凌。

制冰机　　　　　　　　　　　　冰激凌机

六、保温设备

1. 热汤池

热汤池（steam table）用热水将制好的沙司、汤或半成品等隔水保温，常常与炉灶设备等组合在一起。

热汤池

2. 红外线保温灯

红外线保温灯（infrared heat preservation lamp）用于上菜时保温。

红外线保温灯

3. 保温车

保温车（heated trolley）是一种电加热保温的橱柜，可以推动，用于上菜时保温。

保温车

第三节　西餐常用厨具设备安全使用知识

一、刀具安全使用知识

刀具在西餐厨房中使用频繁，也很容易发生事故。使用刀具时必须全神贯注，不能分散注意力去做其他的事情。

要根据加工对象正确选择刀具。例如，加工坚硬的骨头时应使用专用的砍刀，切面包时应选用锯齿刀。

要保持刀具锋利。使用锋利的刀比较省力，切东西时刀不容易打滑。

切割时不可将刀头或刀刃朝着自己或他人。持刀行走时，必须将刀具放在护套中或用围裙等包裹。严禁持刀具开玩笑。手里拿着刀走近他人时，要提醒他人注意。

不能用手去抓正在掉落的刀具，要迅速躲闪。

刀具应放置在醒目的地方，不能放在砧板下、水槽中、水中或其他不易看到的地方，以免发生伤害事故。

在桌面上放置刀具时，刀柄不能露在桌面之外，以免刀具被碰落伤人。

清洗刀具时要小心，不能将刀刃或刀头冲着自己。

使用完毕后应将刀具放在安全的地方。

二、厨房设备安全使用知识

专用设备不可挪作他用。

使用设备前要进行培训，不能尝试使用自己不会操作的设备。

接通电源前要检查设备开关是否关闭，未关的要先关掉开关后再插上电源。

如果发现设备异常必须马上停机，切断电源，查明原因或修复后再重新启动。

当设备运行时不要用手、勺或铲子接触设备中的食物，必须按操作规程使用专用工具。

拆卸或清洗电气设备前必须切断电源。手湿或站在水中时不要接触或操作任何电动设备。

要建立严格的设备使用制度，定期对设备进行检修或专门维护。

思考题

1. 西餐厨房常用的锅有哪几种？它们各有什么用途？
2. 西餐厨房常用的刀具有哪几种？它们各有什么用途？
3. 西餐厨房常用的计量工具有哪些？
4. 西餐厨房常用的炉灶有哪几种？它们各有什么用途？
5. 列举3种西餐厨房常用的加工设备，并说说它们的用途。

第三章

西餐厨房管理

学习目标

1. 了解西餐厨房常设岗位及部分岗位的职责。
2. 了解对西餐厨房工作人员的素质要求。
3. 了解西餐厨房工作人员应具有的个人卫生习惯。

第一节　西餐厨房岗位及组织管理

西餐厨房是西餐的生产部门，为了保证西餐厨房正常运转，应本着科学、合理、经济、高效、实用的原则，将厨房工作人员有效组织起来，使其各司其职。

一、西餐厨房常设岗位

西餐厨房常设的岗位有行政总厨（executive chef）、厨师长（chef）、副厨师长（sous chef）、主管（station chef）、厨师领班（demi chef）、厨师（cook）、帮厨（kitchen helper）、杂务工（kitchen porter）、仓库主管（warehouse supervisor）。

在传统的西餐厨房中，一般按菜肴种类将厨房分为不同的工作区，每个工作区内设有一名厨师领班，负责该区的工作。如果加工制作程序比较复杂，那么每个厨师领班都会配备几个助手以协助工作。

一般中型厨房有厨师长一人，副厨师长一人，冷菜厨师、热菜厨师、肉房厨师、包饼房厨师、杂务工若干人。若厨房规模不大，厨师长除负责整个厨房事务外，还可负责其中一个工作区的具体工作。

小型厨房一般只需一个厨师长、一两名厨师，再由一两名杂务工做些简单杂务，如洗菜、削皮等。

在许多小型餐馆中，零点厨师是厨房的核心，负责烧烤、油炸、煎炒等。

二、西餐厨房主要岗位的职责

1. 行政总厨的岗位职责

行政总厨十分重要，必要时也可由厨师长兼任，其具体职责是：

（1）主持厨房的日常事务工作，当厨师长不在时代为履行其职责。

（2）制定或参与制定菜单，使之符合顾客的需要。

（3）制定厨房员工的工作时间表，合理分配人力，检查各班组的考勤。

（4）辅助处理厨房设备的保养问题。

（5）做好厨房的财产管理，减少浪费。

（6）对菜点质量进行全面检查，对不符合规格及质量要求的成品及半成品有权督促制作者重做或补足，并对制作者给予处罚。

（7）参与各班组的业务操作检查和理论学习。

（8）熟悉食品卫生法规及厨房安全操作规程，并督促各部门贯彻落实。

（9）协调各班组及员工工作，检查各项任务完成情况。

（10）制定每天各班组的原料请购单，由厨师长审定后交采购人员。

2. 厨师长的岗位职责

（1）制定厨房的操作规程，制定岗位责任制度。

（2）根据各餐厅的特点和要求制定菜单。

（3）指挥大型和重要宴会的烹调与供应工作，把好菜点质量关。

（4）指导厨师和领班的日常工作，协调好各班组的工作。

（5）听取顾客意见，了解销售情况，不断改进和提高菜点质量。

（6）负责厨师的培训、考核工作，组织厨师学习新技术、新工艺。

（7）负责厨房的卫生工作，抓好食品卫生和个人卫生，贯彻执行食品卫生法规和厨房卫生制度。

（8）熟悉和掌握货源，制订采购计划，控制原料的进货、领取。检查原料的库存情况，防止原料变质和短缺。

（9）根据不同的季节和重大节日推出时令新菜式，增加花色品种，以促进销售。

（10）掌握本厨房设备、用具的使用情况，制订年度预算计划。

3. 厨师的岗位职责

（1）热菜厨师的主要职责

1）炉灶厨师的主要职责。熟练掌握煮、烤、蒸、炸、煎、炒、扒、烩等常用烹调技法，根据标准菜单制作有各种特色风味的西餐，准备各种热菜原料和调味料。

2）烤肉厨师的主要职责。负责制作各式烤肉、炖肉及油炸肉食。

3）鱼菜厨师的主要职责。负责制作各式鱼类菜肴。

4）蔬菜厨师的主要职责。负责制作各式蔬菜类菜肴、汤菜、蛋类菜肴等。

（2）冷菜厨师的主要职责

负责各式沙拉、佐餐小菜、水果冷盘等的制作。

（3）肉房厨师的主要职责

负责为热菜和冷菜厨房供应适合烹制的肉类食品原料，同时负责冷柜的保管和清洁卫生工作。

（4）面包师、西点师的主要职责

负责餐厅所需的各式面包和甜品的制作，餐前、餐后及宴会所需的各种饼干、糕点等的制作，以及顾客定做的节日蛋糕、礼品蛋糕、生日蛋糕、结婚蛋糕等的制作。

三、西餐厨房组织结构

西餐厨房各岗位存在一定的领导、指挥或协调、合作的关系，这样便形成了一定的厨房组织结构。常见西餐厨房组织结构如下图所示。

西餐厨房组织结构设计主要取决于餐饮企业的类型、规模、消费群体、产品和设施设备等因素。

例如，西式快餐店厨房组织结构一般较为简单，部门和人员较少，而酒店宴会厅、高档西餐厅厨房组织结构就较为复杂。规模小、提供产品品种少或菜式简单、自动化设备使用较多的西餐厅厨房组织结构一般较为简单，反之则较为复杂。

但厨房组织结构并非一成不变，当餐厅、饭店经营方式、经营策略发生变化时，厨房组织结构也要进行相应调整。

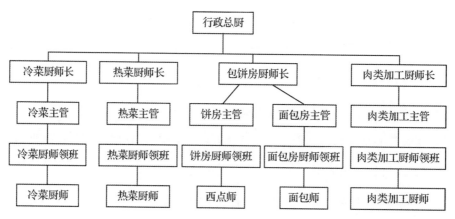

常见西餐厨房组织结构形式

四、对西餐厨房工作人员的素质要求

1. 具有积极进取的工作态度

合格的西餐厨房工作人员必须积极进取，对工作严谨认真，要热爱自己的工作，精通本职业务，要以主人翁的心态对待自己的工作，做好自己职责范围内的事。

2. 具有充沛的体力

西餐厨房工作比较辛苦，工作时间长，劳动强度大。例如，大型酒店的西式早餐每餐仅牛角面包就需要 500~600 个，全需手工制作。所以，西餐厨房工作人员要有充沛的体力，并且有耐力和毅力，工作勤奋。

3. 具有扎实的基本功

西餐工艺复杂，对厨艺基本功有严格要求。具备扎实的基本功，是烹制高质量西餐的先决条件和必要基础，也是进行西餐烹饪传承、创新的基础。

4. 具有良好的协作能力

西餐厨房分工细致，完成菜肴制作需要团队协作配合。厨房工作人员要具备良好的团队协作能力，与同事友好相处，相互配合完成各项任务。

5. 具有精益求精的质量意识

西餐厨房工作人员必须有精益求精、质量至上的意识，使制作出的菜肴既美味可口又赏心悦目。

6. 具有创新意识

餐饮业发展变化很快，西餐厨房工作人员要不断更新专业知识和专业技能，适应新原料、新工艺、新技术的不断发展，适应企业竞争、人才竞争的需要，敢于打破旧的条条框框的束缚，不断探索和创新菜肴品种和烹饪技法。

第二节　西餐厨房卫生管理

厨房中的各种原料、半成品和成品都很容易腐败变质，厨房每天还要产生大量的垃圾和残汤剩饭。如果管理不善，厨房很容易产生各类卫生问题。

厨房卫生管理关系到消费者的健康和餐饮企业的声誉。所以，西餐厨房管理人员要把厨房卫生工作作为餐饮企业管理的重要内容。

一、西餐厨房中的卫生安全隐患

进行西餐厨房卫生管理，必须重点针对厨房中的卫生安全隐患采取对应措施。

一是食品污染，例如，不洁净的刀具造成的交叉污染，拆解食品包装造成的细菌繁殖，未洗手就处理食品造成的污染，以及洗涤制品溅到食物上造成的污染。

二是病菌的滋生，例如，储存、冷藏温度不当或把熟食储存在较高温度的环境中引起的病菌滋生。

三是病菌或有毒物质未彻底清除，这通常是烹调时热量不够或食物未煮熟，或设备台面消毒不彻底造成的。

二、保持良好的个人卫生

很多由饮食导致的疾病是由食品加工人员携带的病菌引起的，所以西餐厨房工作人员应保持良好的个人卫生，特别是要做到以下两点：

1. 定期接受身体检查

厨房工作人员每年必须进行体检。新参加工作和临时参加工作的厨房工作人员必须先进行体检，取得健康证后方可参加工作。患有痢疾、伤寒、病毒性肝炎、活动性肺结核、化脓性或渗出性皮肤病者，不得参加直接入口食品的生产工作。

2. 养成良好的个人卫生习惯

（1）勤剪指甲，勤洗手，勤洗澡，勤理发，勤换工服、围裙和擦手布。

（2）工作前将手和裸露的肌肤洗干净，尤其是在饭后、上厕所后、接触可能感染细菌的东西后。

（3）工作时不戴戒指、手镯、手表，不涂指甲油。

（4）不对着食品咳嗽或打喷嚏。如果咳嗽或打喷嚏，要将嘴捂上，然后将手洗干净。

（5）工作时不嚼口香糖，不挖鼻孔、掏耳朵、剔牙。

（6）不坐在工作台上。

（7）有伤口时，要用清洁的绷带包扎伤口。

（8）不将私人物品带入工作间，以防异物污染食品。

思考题

1. 西餐厨房常设的岗位有哪些？
2. 西餐厨房中，行政总厨的岗位职责主要有哪些？
3. 对西餐厨房工作人员的素质要求有哪些？
4. 西餐厨房中的卫生安全隐患主要有哪些？
5. 西餐厨房工作人员应该养成哪些良好的个人卫生习惯？

第四章

西餐原料知识

学习目标

1. 了解西餐原料的分类。
2. 掌握西餐常用原料的特点、用途和英文名称。
3. 了解西餐烹调用酒的使用规则。

第一节　西餐常用禽畜原料及其制品

一、西餐常用禽类原料及其制品

禽类原料是重要的西餐原料之一，常用的品种有鸡、鸭、鹅等家禽及部分野禽。禽类原料营养丰富，水分含量比畜类原料高，脂肪含量低，口感鲜嫩。

西餐中将禽肉分为白色肉类和红色肉类两种，其烹饪方法也因原料差异有所不同。白色肉类包括各种鸡等禽类的肉，红色肉类包括鸭、鹅、鸽子等禽类的肉。

1. 鸡

鸡（chicken）分为家鸡和野鸡，西餐中使用较多的是家鸡。欧洲国家通常根据鸡的生长期将鸡分类，不同生长期的鸡，其口感、营养、味道都有所不同。

（1）雏鸡

雏鸡的生长期很短，体重一般在500克以下。其肉质非常细嫩，一般用于串烤、平底锅烧或铁板烧等。

（2）小公鸡

小公鸡生长期一般在50天左右，体重900克左右。其肉质异常细嫩，水分含量大，但鲜味不足。

2. 火鸡

在西方传统的圣诞餐桌上，烤火鸡是不可缺少的菜肴。在欧美尤其是美洲，火鸡（turkey）是很普通的一种美食。火鸡的种类很多，可根据其生长期分类。

火鸡

（1）雏火鸡

雏火鸡是生长期最短的火鸡，生长期仅有 16 周，体重一般为 1.8~4 千克。其肉细嫩，皮光滑。

（2）童子火鸡

童子火鸡是生长期为 5~7 个月的小火鸡，体重一般为 3.6~10 千克。其肉嫩，骨头略硬。

（3）嫩火鸡

嫩火鸡是生长期为 7~15 个月的火鸡，体重一般为 4.5~14 千克，肉质相当嫩。

（4）成年火鸡

成年火鸡皮肤粗糙，生长期在 15 个月以上，体重一般为 8~16 千克。

3. 珍珠鸡

珍珠鸡（guinea fowl）又名珠鸡，原产于非洲，近年来才由野生鸟类驯化而来。其羽毛主要呈灰黑色，上有规则性散布的白色圆斑，形似珍珠，故名珍珠鸡。珍珠鸡与野禽相近，肉味比家鸡鲜美。珍珠鸡肉色深红，肉质柔软且富有野味的鲜味，但没有野味的异味。

珍珠鸡的烹饪方法和鸡相同，既可制作成整个的烤鸡，又可将其分解成数块再烤。珍珠鸡可用烤炉烤，也可用铁板扒，还可以焖或煮。一般而言，无论采取何种烹饪方法，都应注意火力不能太大，以免破坏珍珠鸡肉柔软而适中的口感。

珍珠鸡

4. 鸽子

鸽子（pigeon）种类较多，西餐中主要使用肉鸽和乳鸽。

肉鸽体形较大，一般重 500~700 克，成长快，繁殖力强，胸部饱满，肉质细嫩，味美，适宜整用，也可分卸使用。

鸽子肉色深红，和鸭肉相似，肉质较硬而缺少脂肪。法国肉鸽较为有名，这种肉鸽的肉质较紧。

鸽子

5. 鸭

鸭（duck）在西餐中也较为常见。公鸭体形较长，肉粗糙而腥，油脂较少。母鸭体形较短，肉细嫩，腥味小。西餐中多使用瘦形鸭，现主要使用原产于英国的"樱桃谷鸭"。

鸭

6. 鹅

鹅（goose）在全世界普遍饲养，有不少优良品种。一般肉用鹅饲养 1 年左右，若时间再长，肉质就会变得粗老。

7. 禽制品

鹅在西餐中的用途不如鸡广泛，但肥鹅肝却是西餐中的上等原料。经特殊育肥的鹅，其肝脏重达 1 千克左右，脂肪含量高，味道

鹅

鲜美，营养丰富。为了得到质量上乘的肥鹅肝，必须预先选择小雄鹅，在 3~4 个月之内喂普通饲料，然后用特制的玉米饲料强制育肥 1 个月。

鹅肝可用来制作鹅肝酱、苹果煎鹅肝等，以法国生产的为最佳，烹饪方法有烤、煎等。鹅肝既可以制作各种沙拉冷吃，也可以制作各种热菜。制作沙拉时，一般将鹅肝中的血丝和筋挑出后压成酱状，即制成通常所说的鹅肝酱。热吃时一般用整只鹅肝烹调，以煎、烤的烹饪方法为主。

优质鹅肝有以下特点：

（1）外层呈乳白色或白色，其中的筋呈淡粉红色。

（2）质地紧实，用手指触压后能恢复原来的形状。

（3）细嫩光滑，手触后有一种黏糊的感觉。

鹅肝

二、西餐常用畜类原料

畜类原料是西餐菜肴的主要原料，在菜肴制作中使用较多。

1. 牛肉

牛肉（beef）是西餐菜肴中使用很广泛的原料。欧美国家一般将牛分为乳牛和肉牛，烹饪中使用的主要是肉牛。西方肉牛饲养业比较发达，培养出了许多优良的品种，如英国的海福特牛、瑞士的西门塔尔牛、法国的夏洛莱牛、苏格兰的安格斯牛等。

牛肉的色泽、形状、脂肪含量等取决于牛的年龄。畜龄越大，牛肉质地越粗糙，嫩度越低。牛肉中大理石纹状脂肪含量越高，分布越细致均匀，则牛肉的风味、含汁性与口感就会越好。

美国一般将牛肉分为八级，品质由高至低依次是美国极品级（U.S. prime）、美国特选级（U.S. choice）、美国可选级（U.S. select）、美国合格级（U.S. standard）、美国商用级（U.S. commercial）、美国可用级（U.S. utility）、美国切块级（U.S. cutter）、美国制罐级（U.S. canner），一般来说前三级牛肉是做牛排的原料。

极品级牛肉质量最好，肉的外部和内部都分布有脂肪，质地较紧实，肉质细嫩，数量有限，价格高。特选级牛肉外部和内部的脂肪少于极品级，供应量大，价格适中，是西餐业的理想原料。可选级牛肉质量适中，肉外部和内部的脂肪都较少，味道略差，肉质较老，价格较低。

在西餐中，牛肉分为成年牛肉与小牛肉（veal）。成年牛肉中，一般3岁左右牛的肉质量最好，其肌肉紧实细嫩，皮下及肌间都夹杂少量脂肪。出生2~3个月的小牛还没有断乳，其肉质细嫩而柔软，是西餐中的上等原料。小牛肉又称牛仔肉，是指生长期在2.5个月到10个月的牛的肉。小牛肉颜色略淡，呈粉红色或淡玫瑰色，脂肪少而肉质柔软，在欧美各国尤其是法国、意大利，市场需求量十分大。

牛肉

2. 猪肉

猪肉也是西餐中常用的原料，尤其德式菜对猪肉使用较多。

在西餐中，猪有成年猪（pig）和乳猪（suckling pig）之分。乳猪是指尚未断奶的小猪，肉嫩色浅，水分充足，是西餐烹调中的高档原料。成年猪一般以饲养1~2年的为佳，其肉呈粉红色，嫩度因部位不同而有较大差别。

新鲜猪肉表面有一层微干或微湿的外膜，呈暗灰色，有光泽，切断面稍湿而不黏手，肉汁透明。新鲜猪肉质地紧实而富有弹性，用手指按压凹陷后会立即复原。其脂肪一般呈白色，具有光泽，有时也呈肌肉红色，柔软而富有弹性。

猪肉

在西餐烹调中，基于安全及卫生考虑，猪肉菜肴必须烹至全熟才能供餐。

3. 羊肉

羊肉在西餐中的应用仅次于牛肉。

羊的种类很多，主要有绵羊、山羊等，肉用羊大都由绵羊培育而成。绵羊体型大，生长发育快，产肉多，肉质细嫩，脂肪多。山羊肉膻味大，故使用相对较少。

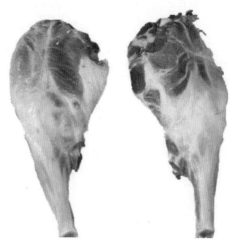

羔羊肉颜色较成年羊肉浅，肉质细嫩，是西餐中的上等原料。此外，还有一种生长在海滨的羊，吃的是含有盐分的草，故名咸草羊，其肉质较好且没有膻味。

羊肉

4. 兔肉

欧洲各国素有食用兔肉的传统。与其他肉类相比，兔肉具有"三高""三低"的营养特点，"三高"即蛋白质含量高、矿物质含量高、人对兔肉的消化率高，"三低"即脂肪含量低、胆固醇含量低、热量低。

兔肉

三、西餐常用畜类制品

西餐常用畜类制品主要有腌肉制品和灌肠制品。

1. 腌肉制品

腌肉制品主要有火腿（ham）、培根（bacon）、咸肥膘（salt fat）等。

（1）火腿

西式火腿可分为无骨火腿和带骨火腿两种类型。

无骨火腿选用猪后腿肉或脊背肉制作，可带皮及少量肥膘。制作时，一般先用盐水和香料把肉浸泡腌渍入味，然后加水煮，有的要进行烟熏处理后再煮。这种火腿外形有圆形和方形，使用比较广泛。

带骨火腿一般采用整只带骨的猪后腿加工而成。制作时，一般先把整只后腿用食盐、胡椒粉、硝酸盐等擦涂表面，然后再将肉浸入加有香料的咸卤水中腌渍，再取出风干、烟熏，最后悬挂一段时间，就可以形成良好的风味。

火腿

世界上著名的火腿有法国烟熏火腿（Bayonne ham）、苏格兰布雷登火腿（Braden ham）、德国陈制火腿（Westphalian ham）、德国黑森林火腿（Black Forest ham）、意大利帕尔玛火腿（prosciutto di Parma）等。

（2）培根

培根也称咸猪板肉，是西餐中使用广泛的肉制品。培根按照选用部位不同分为五花咸肉和外脊咸肉（如加拿大式培根 Canadian bacon），其中前者较为常见。

培根

制作培根时，一般先把猪肉分割成块（带皮），用食盐、硝酸盐、黑胡椒、丁香、香叶、茴香等腌渍，再经风干、熏制而成。

培根一般作为畜类、禽类菜肴的调味配料。由于其肥膘多，所以在做烩菜、焖菜时有改善主料口感的作用。

（3）咸肥膘

咸肥膘采用干腌法腌制而成。制作时，先将选好并剔净的猪肥膘每隔 8~10 厘米切

咸肥膘

一道深口，再用食盐反复搓揉，使食盐渗透入内，腌制而成。

咸肥膘可供煎食，也可混入或放入缺脂的动物性原料中烧制或焖制，以起到补充脂肪的作用。

2. 灌肠制品

灌肠制品在西餐中比较常见，主要品种有腊肠（sausage）、小泥肠（bratwurst）、意大利肠（Italian sausage）等。

（1）腊肠

腊肠也称半熏腊肠，起源于波兰。制作时，一般用 70% 的瘦肉丁和 30% 的肥膘泥混合做馅，用猪大肠制作的肠衣灌制，再经煮制、晾干、熏制而成。

（2）小泥肠

小泥肠主要产于德国的法兰克福，在鸡肠制成的肠衣中灌入绞细的肉馅制成。成品长 12~13 厘米，直径 2~2.5 厘米，是灌肠中最小的一种。小泥肠味道好，常用煎、煮、烩等方法烹制。

腊肠

小泥肠

（3）意大利肠

意大利肠是灌肠中较大的一种，肉馅中掺有鲜豌豆，一般长 50 厘米左右，直径 13~15 厘米，味道鲜美。

（4）火腿肠

火腿肠用猪后腿的鲜瘦肉制作。制作

意大利肠

时，先从肉中剔出肥膘和筋，加精盐腌渍后绞成肉泥，另加净肉丁搅拌均匀，灌入肠衣内，再熏烤而成。火腿肠表面呈黄褐色，香味浓郁。

（5）沙拉米肠

沙拉米肠（salami）又称干肠。制作时，将瘦肉泥加肥肉丁、黑胡椒末及适量硝酸盐、食盐和成馅，灌入用猪大肠制成的肠衣内，然后置于液态油料内浸泡较长时间，使肠衣内的肉馅被硝酸盐、食盐腌透，待其呈浅褐色时将其取出，挂在阴凉通风处晾干即可。

沙拉米肠

沙拉米肠与其他灌肠的主要不同点是沙拉米肠不经加热成熟而完全靠硝酸盐和食盐腌制成熟。所以，沙拉米肠味较咸而浓郁，质地较韧硬，食后回味醇香，风格独特。沙拉米肠便于保存，有的存放几十年也不会腐败，是旅行的上好食品。

（6）大红肠

大红肠是用牛肉和猪肉混合制成的灌肠，加工方法与小红肠基本相同，只是在主料中加有猪脂肪丁。大红肠形状粗大如手臂，表面呈红色，故而得名。因西欧人常在吃茶点时食用大红肠，所以它又称"茶肠"。大红肠长 40~50 厘米，肉质细腻，鲜嫩可口。

大红肠

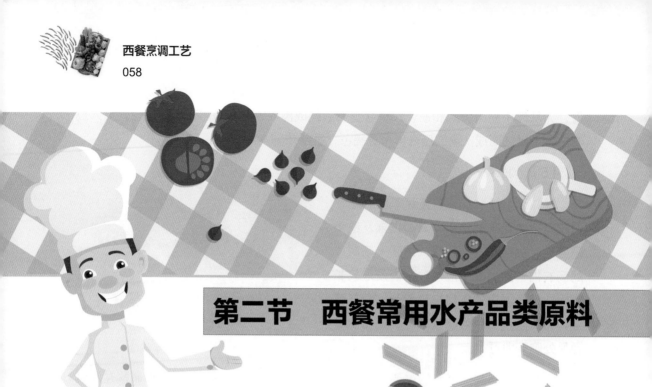

第二节　西餐常用水产品类原料

水产品主要包括各种鱼、蟹、虾和贝类，鱼又可分为淡水鱼（freshwater fish）和海水鱼（saltwater fish）。

一、西餐常用淡水鱼

1. 鳟鱼

鳟鱼（trout）又称赤眼鳟、红眼鱼、野草鱼，原产于美国和加拿大，品种很多，有金鳟、虹鳟、湖鳟等品种，是西方人喜欢食用的鱼类。

鳟鱼肉质紧实，味道鲜美，小刺少，适于采用煮、烤、煎、炸等方法烹制。较大的鳟鱼可以达到 70 厘米长、10 千克重。鳟鱼通常生活在水温较低的江河、湖泊中，各温带国家均有出产，以丹麦和日本出产的鳟鱼最为出名。

鳟鱼

2. 鳗鱼

鳗鱼（eel）又称鳗鲡，我国称之为河鳗、白鳝或青鳝。鳗鱼长可达60余厘米。其体细长，前部呈圆柱形，后部稍侧扁。鳗鱼是洄游性鱼类，生活在淡水中，秋后成体鱼入海产卵，而后死去。其卵在海中成长为幼鱼后再进入江河生长发育。鳗鲡肉色洁白，肉质细嫩，口感肥糯。

鳗鱼

3. 鲑鱼

鲑鱼（salmon）主要分布在欧洲、亚洲、美洲的北部地区。其体侧扁，背部隆起，牙齿尖利，鳞片细小。其肉呈半透明的红色，富含脂肪，口感特别细嫩爽滑。有的鲑鱼生活在海水中，而西餐中主要使用淡水鲑鱼。

鲑鱼

4. 鲈鱼

鲈鱼（perch）品种很多，如黄鲈、湖鲈、白鲈等，也有部分品种为海水鱼。其体长嘴大，背厚鳞小。其肉丰厚，呈白色，刺少，味道鲜美。世界许多地方均出产鲈鱼，加拿大和澳大利亚产量最高。鲈鱼适于采用炸、煎等方法烹制。

5. 鳜鱼

鳜鱼（mandarin fish）又称花鲫鱼，是西餐中使用非常广泛的鱼类。鳜鱼体侧扁，口大，牙齿尖利，性凶猛。其背鳍前部有13~15根硬刺，内有毒素。鳜鱼是肉食性鱼类，肉质细嫩，无小刺，味道鲜美。

鲈鱼

鳜鱼

6. 鲟鱼

鲟鱼（sturgeon）体近圆筒形，口小而尖，身上有 5 行骨板，上面有锐利的棘。其背部呈灰褐色，腹部呈白色。鲟鱼无小刺，肉质鲜美，常用于熏制，其卵可制成名贵的黑鱼子酱。

鲟鱼

二、西餐常用海水鱼

1. 比目鱼

比目鱼（plaice）是世界主要经济海产鱼类，以美国阿拉斯加海域所产质量最好。其体侧扁，呈长椭圆形，头小，鳞片小，有不规则的斑点或斑纹，两眼都长在一侧。比目鱼品种较多，常见的有鲆、鲽、鳎三种。比目鱼肉质细嫩，味道鲜美，全身仅有 1 根脊椎大刺，无小刺。

比目鱼

2. 金枪鱼

金枪鱼（tuna）又称"青干"，译音为吞拿鱼。金枪鱼体形大，呈纺锤形，头大而尖，有两个几乎相连的背鳍。金枪鱼一般长 50 厘米，有的可长达 1 米。金枪鱼肉色暗红，肉质紧实，无小刺，是上等的西餐烹饪原料。金枪鱼除可制作罐头、鱼干、冷菜外，还可采用煎、炸、炒、烤等方法制成菜肴。

金枪鱼

3. 鳕鱼

鳕鱼（cod）又称大口鱼、大头鱼和石肠鱼，品种有黑线鳕鱼、无须鳕鱼、银须鳕鱼等。鳕鱼体长一般为 25~70 厘米，稍侧扁，尾部向后渐细，头大，口大，重300~750 克。其头、背及体侧有灰褐色斑纹，腹部呈灰白色。鳕鱼肉质较粗，肉色白，清口不腻，无小刺。

鳕鱼

鳕鱼是使用十分广泛的经济鱼类，世界上不少国家把鳕鱼作为主要食用鱼之一。鳕鱼除可生食外，还可加工成各种水产食品。鳕鱼肝大且含油量高，是制造鱼肝油的重要原料。

4. 沙丁鱼

沙丁鱼（sardine）分布广泛，是世界上重要的经济鱼类之一。沙丁鱼体形较小，鱼体侧扁，主要有银白色和金黄色等品种。其脂肪含量高，味道鲜美，主要用途是制作罐头。

沙丁鱼

5. 缇鱼

缇鱼（anchovy）又称黑背缇鱼，是世界上重要的小型经济鱼类之一，分布于世界各大海洋中。其体长，侧扁，呈银灰色，肉质细嫩，味道鲜美，是西餐中的上等原料。西餐中多将缇鱼制成罐头（俗称"银鱼柳"）广泛使用。

缇鱼

6. 鲱鱼

鲱鱼（herring）是世界重要经济鱼类之一，我国沿海也有鲱鱼生产，但数量有限。鲱鱼体侧扁，长约20厘米，背部呈青黑色，腹部呈银白色。鲱鱼肉含油量较高。

鲱鱼

三、西餐常用其他水产品类原料

1. 龙虾

龙虾（lobster）是海洋中最大的虾类，经济价值很高，是比较名贵的水产品。龙虾种类很多，如锦绣龙虾、中国龙虾、波纹龙虾、密毛龙虾和日本龙虾等，以澳大利亚和南非所产质量为佳。龙虾体形粗大，有一对大钳子。

龙虾肉纤维组织较少，多汁，质地紧实，有弹性，味道鲜美。龙虾在西餐中既可做冷菜也可做热菜，属高档烹饪原料。将其背部切开，除去内脏，洗净即可烹制。

龙虾

2. 大虾

大虾（prawn）又称明虾或对虾，主要产于中国的渤海、黄海及朝鲜的西部沿海。大虾甲壳薄，光滑透明，体长而侧扁。虾肉质地细嫩，味道鲜美，营养丰富，被广泛

用于各种菜肴的制作。

大虾

3. 蟹

蟹（crab）是甲壳动物，腹部有一层软骨状组织，可以据之判断蟹的雌雄。蟹的步足较为发达，头部有一对大螯。

蟹的种类较多，尤其是海蟹。海蟹一般产于四月到十月，淡水蟹则产于九月到十月。西餐中多使用海蟹。

蟹

4. 牡蛎

牡蛎（oyster）又称蚝、海蛎子等，以法国沿海所产的最为有名。牡蛎壳形状多样，有三角形、狭长形、卵圆形、扁形等；色彩由青灰到黄褐，有的有彩色条纹。牡蛎壳较厚，层层相叠，壳面较为粗糙，坚似岩石。其左右壳不对称，左壳较大而凹，右壳较小而凸。连接两壳的韧带在壳内，闭壳肌位于壳的中央。

鲜牡蛎可以生食，也可以制成各式菜肴。牡蛎肉质细嫩，鲜味突出，味道独特。

牡蛎

5. 扇贝

扇贝（scallop）外壳似扇形，故而得名。扇贝有两个壳，大小几乎相等。其壳内面为白色，壳内的肌肉为可食部分。扇贝闭壳肌颜色洁白，质地细嫩，味道鲜美。

扇贝

6. 贻贝

贻贝（mussel）又称壳菜、海红或淡菜，因壳边缘呈青绿色，故又名"青口"。其个体较小，整体呈椭圆形，前端呈圆锥形。其壳青黑色相间，有圆心纹。贻贝肉味鲜美，有弹性。贻贝大多为鲜活原料，可带壳食用，也可去壳食用。

贻贝

7. 鱿鱼

鱿鱼（squid）肉质细嫩，味道鲜美，可食部分高达 98%。鱿鱼可生食，也常加工成鱿鱼干。

鱿鱼

8. 鱼子和鱼子酱

鱼子是将新鲜鱼卵用盐水腌制而成，浆汁较少，呈颗粒状，分红鱼子和黑鱼子两种。鱼子酱在鱼子的基础上经发酵制成，浆汁较多，呈半流质胶状。

红鱼子酱（red caviar）用鲑鱼的卵（其中以大麻哈鱼的卵为上品）制成，可以制作名贵冷吃，常作为开胃小吃或装饰冷盘。黑鱼子酱（black caviar）用鲟鱼的卵制成。

因鲟鱼产量很少，所以黑鱼子酱比红鱼子酱更名贵，素有"黑黄金"之称。黑鱼子酱是俄罗斯最负盛名的美食，也是俄罗斯人新年餐桌必不可少的美味。优质黑鱼子颗粒饱满，松散而有少量黏液，呈黑褐色，有光泽，味道清香鲜美，略有咸味，常用来制作开胃小吃或装饰冷盘。

黑鱼子

红鱼子

为了避免高温烹调影响品质，鱼子酱一般生吃。尤其值得注意的是，鱼子酱切忌与气味浓重的辅料搭配食用。

鱼子酱一般适合低温保存，可以将装鱼子酱的瓶子放在碎冰里或者将鱼子酱倒在冰镇过的盘子里。配酒时，如果配香槟，适合选酸味偏重、香味清爽的香槟，太香浓的酒味会掩盖鱼子酱本身的味道。最适合与鱼子酱相配的是俄罗斯原产的冰冻到接近零度的伏特加。

第三节　西餐常用蛋类原料及乳制品

一、西餐常用蛋类原料

西餐中使用最多的蛋类是鸡蛋，其次是鹌鹑蛋、鸽蛋和鹅蛋。各类蛋外观有很大区别，但其结构基本相同，都由蛋壳、蛋白和蛋黄 3 部分构成。

蛋壳上分布有气孔，肉眼不易观察到，其中大头部分气孔分布较多。这些气孔可为禽类孵化提供呼吸通道，同时，微生物也易于从气孔中侵入，造成蛋的变质。

蛋白也称蛋清，其主要成分是蛋白质，它是一种胶体物质。靠近蛋壳的蛋白较稀，靠近蛋黄的蛋白较稠。

蛋黄是一种黄色、不透明的浓稠液体，由系带、蛋黄膜、蛋黄内容物、胚胎 4 部分组成。

保存时，应设法闭塞蛋壳上的气孔，防止微生物侵入，并保持适宜的温度、湿度，以抑制蛋内酶的作用。一般采取冷藏法保存。由于鲜蛋的含水量高达 70% 以上，−1 ℃时就开始冻结，所以，应将其储存在 0~10 ℃的冰箱内，冷藏时间不宜过长，一般为 4 个月左右。

二、西餐常用乳制品

1. 奶油

奶油（cream）是从消过毒的鲜奶中分离出来的密度较小的脂肪和其他成分的混合物。奶油脂肪含量相对较低，占 20%~40%，其他成分主要是水分、蛋白质、乳糖等。

这种纯度较低的混合物在食品工业中称为稀奶油，在烹饪行业中常称为奶油，而食品工业中的奶油指纯度较高的黄油。

奶油

奶油为乳色，略带浅黄，呈半流质状态，在低温下较稠，经加热可熔为液态。奶油可直接食用或进一步加工成酸性奶油、冰激凌等。奶油以气味芳香纯正、口味稍甜、细腻无杂物、无结块者为佳。

2. 黄油

黄油（butter）在烹饪行业中常称为白脱油、牛油等，在食品工业中称为奶油、乳酪。黄油是把牛奶经过分离后所得的稀奶油再经制熟、搅拌、压炼而成的乳制品。黄油中脂肪含量约占 80%，含水量占 16% 或更低，此外还含有少量的蛋白质、乳糖、磷脂、维生素等。

黄油

黄油按原料不同可分为甜性黄油、酸性黄油、乳清黄油 3 类。甜性黄油（又称鲜制黄油）不经发酵制成；酸性黄油（又称发酵黄油）经发酵制成，含乳酸；乳清黄油以乳清为原料制成。黄油按制造方法不同可分为鲜制黄油、酸制黄油、重制黄油及连续式机制黄油类。

黄油具有良好的可塑性，是大型食品雕刻的良好原料，也可制作花、禽、兽及建筑造型。黄油是中西式糕点的重要原料，在面点中也常作为起酥油使用，制作黄油面包等食品。

3. 炼乳

炼乳(condensed milk)又称浓缩牛奶，是将牛奶浓缩至原体积的 40% 左右制成。炼乳根据是否脱脂可分为全脂炼乳、脱脂炼乳和半脱脂炼乳，根据是否加糖可以分为淡炼乳和甜炼乳。

炼乳

4. 奶酪

奶酪（cheese）又称干酪，国内有的地方也称之为计司、芝士或吉士。

奶酪主要以动物奶为原料制作而成。大部分奶酪都是用牛奶制成的，少量的奶酪是用山羊奶或绵羊奶制成。有些国家也用其他牲畜（如骆驼、驴、马、水牛及驯鹿）的奶制作奶酪。

奶酪

将鲜奶进行杀菌，利用凝乳酶使鲜奶中的蛋白质凝固，然后将凝固的蛋白质分离出来，再经过加热、加压，在微生物和酶的作用下发酵熟化，即制成奶酪。优质奶酪切面均匀致密，呈均匀的淡黄色。

奶酪的种类很多，全世界大约有 1000 多种奶酪，按加工方法不同可分为干奶酪、软奶酪、半软奶酪、多孔奶酪、大孔奶酪等。法国、荷兰、意大利国等生产的奶酪较为著名，以荷兰生产的圆形干酪最为著名。

5. 奶粉

奶粉（milk powder）是将鲜奶采用喷雾干燥、真空干燥或冷冻干燥等方法脱水处理后制成的淡黄色粉末。奶粉根据加工方法和原料处理方法等不同可分为全脂奶粉、脱脂奶粉、加糖奶粉、调制奶粉、乳清粉、速溶奶粉等。

奶粉具有体积小、质量轻、易于携带运输、便于贮存、食用方便等优点。奶粉除可冲饮外，还可制作糖果、冷饮、糕点等，在烹饪中可代替鲜奶制作汤羹、调味汁、牛奶蛋糊、巧克力布丁、牛奶沙司等，也可用于制作烘烤食品。

6. 酸奶

酸奶（yogurt）是利用乳酸菌将鲜奶发酵而制成的乳制品。一般将新鲜的全脂或脱脂牛奶加入 5% 的糖（或不加糖），采用巴氏杀菌法杀菌，冷却后，加入适量的乳酸菌，置于恒温箱中进行发酵，至牛奶形成均匀的凝块时取出，冷藏即可。酸奶易消化吸收，营养价值较高。

第四节　西餐常用果蔬类原料

一、西餐常用蔬菜原料

1. 生菜

生菜（lettuce）是叶用莴苣的俗称，在西餐中使用很广，是蔬菜沙拉的主要原料之一。生菜含有莴苣素，具有清热、消炎、催眠作用。

生菜生菜按叶片颜色不同分为绿生菜和紫生菜，按叶的生长状态不同分为散叶生菜和结球生菜。结球生菜还可细分为三种，一种是奶油生菜，叶片呈卵圆形，叶面平滑，质地柔软，叶缘稍呈波纹状；一种是脆叶生菜，叶片呈卵圆形，叶面皱缩，质地脆嫩，叶缘呈锯齿状，栽培较普遍；一种是苦叶生菜，叶片厚实，呈长椭圆形，半结球，栽培很少。

生菜富含水分，清脆爽口，特别鲜嫩，多生食。生菜可制作沙拉，可用叶片包裹牛排、猪排或猪油炒饭，还常用来制作汤菜。

2. 西芹

西芹（celery）略有微香，叶翠绿，可制作凉拌菜生吃，也可煮炖。在法国菜中，西芹常和熏肉一起煮或一起蒸，然后拌牛髓调味汁熟食。一般而言，西芹和动物性原料搭配能相得益彰。

西芹

西芹各部分的使用方法大不相同。外侧粗大的茎较硬，适于蒸、煮或用烤炉烤；内侧较细的茎十分柔嫩，可制作凉拌菜，带叶使用效果更好。长到约 30 厘米长、未完全成熟的西芹称为小西芹，主要用于生食。

3. 欧芹

欧芹又称荷兰芹，遍及全世界。欧芹在西餐中用途非常广泛，经常切成碎末，撒在食物上进行装饰。

4. 莳萝

莳萝（dill）又称洋茴香、野小茴、上茴

欧芹

香，可治疗头痛、健胃整肠、促进消化、消除口臭，其种子具有安神作用。在欧美传统民俗疗法中，莳萝用于治疗失眠、头痛，还可预防口臭及动脉硬化。莳萝一般用于腌制海产品。

莳萝

5. 苦苣

苦苣（endive）的鲜嫩绿叶可供食用，味微苦。苦苣嫩叶对预防和治疗心脑血管疾病及肝病等有一定效果。

苦苣可制作沙拉生吃，也可以用油炒或蒸煮熟食，味道十分可口。用苦苣制作沙拉时，只要把菜叶剥下洗净就能入菜。加热之后，苦苣的苦味更强，所以加热时可加一些砂糖来中和苦苣的苦味。

苦苣

6. 芦笋

芦笋（asparagus）俗称石刁柏、龙须菜，其嫩茎供食用，在欧美、日本等国家或地区极受欢迎。两千多年前欧洲已栽培芦笋，后逐渐发展到美洲、大洋洲及亚洲等地区。我国种植芦笋也有约百年的历史。

芦笋可分为白芦笋和绿芦笋。芦笋中含有多种药用成分，可以增进食欲，帮助消化，缓解疲劳，对心脏病、高血压、肾炎、肝硬化等疾病有一定的药膳作用，并具有利尿镇静等作用。

芦笋

7. 红菜头

红菜头（beetroot）又名紫菜头、甜菜根，原产于希腊，约有 2000 年的栽培历史，后传入我国。

红菜头肉质肥厚，气味芳香，滋味甘甜，

红菜头

颜色深红，果肉较硬。红菜头可制作沙拉，也可用黄油煎炒成菜。红菜头色泽红润、鲜艳，纹路自然，还是雕刻花卉的上乘原料。

8. 西蓝花

西蓝花（broccoli）又名绿花菜、青花菜。

新鲜的西蓝花呈深绿色，结球紧密呈圆形，茎的切口脆嫩，各个花球大小均匀。在寒冷季节，西蓝花球表面会变成紫色，但用热水焯烫后又会变成绿色，味道也不差，而且其内部糖分含量较高，味道更美。西蓝花存放较久后，各个小花将开放，最后变成黄色。

西蓝花

9. 朝鲜蓟

朝鲜蓟（artichoke）又称洋蓟、洋百合，法国栽培最多，我国上海、云南等地也有栽培。朝鲜蓟外面包着厚实的花萼，只有菜心和花萼的根部柔软，可以食用。可食部分味道清淡、质地生脆。烹调时应挑花蕾紧密、较重、花萼没有干枯者。把茎折断后，断面呈深绿色的较新鲜，断面呈黑色的质地较老。

朝鲜蓟

10. 黑菌（truffle）

黑菌又名黑松露，主要产于法国。天然黑菌在烹饪界中有"黑钻石"的美称。法国天然黑菌可与黄金等价，即法国人常说的"一克黑菌一克金"，可见其珍贵和稀有。

黑菌通体呈黑色，带有清晰的白色纹路，气味芬芳。用黑菌烹调出的佳肴，味鲜又极富营养。全世界有30多种黑菌，最好的品种均源自法国南部佩里戈尔地区的森林。

黑菌

11. 节瓜

节瓜（courgette）又名毛瓜、笋瓜、印度南瓜、玉瓜、北瓜。节瓜以表面有光泽、富有

节瓜

弹性、无色斑者为佳，而且个体越小，肉质越柔软。节瓜煮、炒、凉拌等均可，既可独立成菜，也可作为配菜。

12. 苦瓜

苦瓜（bitter gourd）又名凉瓜、癞葡萄、癞瓜，是药食两用的佳品。在烹调中，苦瓜的苦味不会渗入别的原料，所以苦瓜又有"君子菜"的美称。苦瓜营养丰富，特别是维生素 C 的含量很高，居瓜类之冠。苦瓜味苦而清香可口，在西餐中主要用于制作沙拉及配菜。

苦瓜

13. 荷兰豆

荷兰豆（snow pea）又称豌豆、青荷兰豆等，以嫩豆粒或嫩豆荚供食用，在西餐中主要用于制作配菜。

荷兰豆

14. 羊角豆

羊角豆（okra）又称秋葵，还有个美丽的名字叫"淑女的手指"。它质地柔软，黏滑，具有特殊风味，炒、煮时均很可口。其叶、芽、花也可食用。

15. 白蘑菇

白蘑菇（white mushroom）又称洋蘑菇，是一种人工栽培的蘑菇，以肉质厚嫩，味道鲜美著称。白蘑菇个体均匀，是西餐中用途最多的一种蘑菇，可独立成菜，如"黄油炒洋蘑""奶油烩鲜蘑"等。

羊角豆

16. 羊肚菌

羊肚菌（morel）又称草帽菌、羊肚子，一般春天采集的野生羊肚菌为高级品。用奶油煮羊肚菌是该原料的一种典型烹调方法，但煮羊肚菌时炉火不能过大。羊肚菌和清淡

白蘑菇

无味的原料极其匹配。羊肚菌大都是从法国进口，使用前应先用水泡开，注意要洗去细沙。

17. 马铃薯

马铃薯（potato）又名土豆、山药蛋、洋芋，既可作为蔬菜也可作为粮食，在全世界种植广泛。

马铃薯在西餐中使用极广，适于用多种方法烹制，例如，可制成马铃薯丸子烤或炸。许多欧美国家和地区都开办有马铃薯餐厅。

马铃薯适宜的贮藏温度一般为 7~16 ℃，超过这一范围后，它的含糖量和营养成分会减少，从而影响菜肴的质量。

羊肚菌

马铃薯

二、西餐常用水果原料

水果营养丰富，色彩斑斓，既可单独食用，又可加入沙拉、甜点、肉类中烹调。西餐常用水果原料主要有以下几种：

1. 柠檬

柠檬（lemon）为纺锤形，呈橙黄色或青绿色。柠檬果实皮厚，且富含芳香油、维生素C、果酸等。在西餐中，冷菜、热菜、汤及点心、饮料等都需要用柠檬调味。

2. 橄榄

橄榄（olive）又名白榄、青果，味苦涩带甜。除生食外，还可制成蜜饯。西餐中一般将橄榄分为黑橄榄和绿橄榄。前者是盐渍的成熟橄榄果实，后者是盐渍的未成熟橄榄果实。盐渍是为了消除橄榄的苦味和涩味，盐渍橄榄常

柠檬

橄榄

常用作开胃菜。此外，还有油橄榄，主要用于榨制橄榄油。

3. 桑葚

桑葚（mulberry）又称桑果，有紫、红、青等品种，以紫色成熟者为佳，红色的次之。桑葚味甜带酸，清香可口，营养丰富，西方人喜欢摘其成熟的鲜果食用。成熟桑葚酸甜适口，以个大、肉厚、色紫红、糖分足者为佳。

每年4月—6月为桑葚成熟期，成熟的桑葚可晒干或略蒸后晒干食用。在西餐中，桑葚主要用于西点装饰及榨汁。

桑葚

4. 无花果

无花果（fig）又名隐花果，在盛夏成熟，外面呈暗紫色，里面呈红紫色，质地柔软，味酸甜。无花果花托可生食，也可制酒或制作果干，西餐中主要用于西点调味、装饰。

无花果

5. 鳄梨

鳄梨（avocado）又称牛油果，全世界热带地区均有种植，但美国南部、墨西哥及古巴栽培最多。鳄梨是一种营养价值很高的水果，果肉柔软似乳酪，色黄，风味独特，营养丰富。果仁含油量占8%~29%，它的油是一种干性油，没有刺激性，乳化后可以长久保存，也可以直接食用。鳄梨果肉用于制作沙拉等菜肴。

鳄梨

6. 猕猴桃

猕猴桃（kiwi fruit）营养丰富，其中维生素C含量特别高，因此它被誉为"水果之王"。猕猴桃在西餐中主要用于制作沙拉或西点装饰。

7. 西柚

西柚（pummelo）的果肉呈红色或白

猕猴桃

色。红肉的味酸，皮较薄；白肉的味甜，皮较厚。在西餐中，西柚可直接食用或用来制作沙拉。

西柚

8. 蓝莓

蓝莓（blueberry）原产和主产于美国，又称美国蓝莓。蓝莓平均重 0.5~2.5 克，最大的重 5 克。蓝莓色泽美丽，呈蓝色并被一层白色粉状物覆盖。其果肉细腻，种子极小，可食率高，甜酸适口，香爽宜人，主要用于西点装饰或制酱调味。

蓝莓

9. 苹果

苹果（apple）按生长期不同分为伏苹果和秋苹果。伏苹果成熟期是七八月份，质地疏松，味道酸，不耐储藏。秋苹果成熟期是 9 月—11 月，质地坚脆，味道酸甜，耐储藏。苹果主要用于制作西餐冷菜和甜食。

苹果

10. 香蕉

香蕉（banana）果实成串，果肉为长圆形条状，肉色为浅黄色或白色，质地柔软糯滑，味道甘甜芳香，富有营养。西餐中，香蕉主要用于制作甜食菜肴。

香蕉

11. 菠萝

菠萝（pineapple）又称凤梨，原产于南美，是热带、亚热带水果。菠萝种类很多，国外多分为皇后类、卡因类和西班牙类等，国内多分为有眼菠萝和无眼菠萝。菠萝较大，顶有冠芽，皮厚色黄，脆甜多汁，清凉爽口。菠萝一般生食，还可作为烹饪辅料和装饰料。

12. 草莓

草莓（strawberry）形状有圆锥形、荷包

菠萝

形、扁圆形等。果体被阳光照晒一面为深红色，肉为白色，柔软多汁，有独特芳香。草莓可以直接食用或制成果酱，是西餐甜食中一种常用水果。

13. 荔枝

荔枝（lychee）品种众多，其中以广东的妃子笑、糯米糍、尚书怀，福建的黑叶、元红及香荔枝等最为有名，是我国特有的水果。荔枝呈心脏形或球形，核小肉厚，汁多味甜，气味浓，不易长期保存，其肉新鲜时半透明。荔枝可用于制作甜食和菜肴装饰。

14. 樱桃

樱桃（cherry）较小，呈球形，鲜红光亮，肉质软糯，汁多味甜。在西餐中，樱桃多作为装饰料使用，常见于冷盘和甜食中，也有制作热菜的。此外，樱桃还可加工成糖水樱桃罐头、樱桃酱，或酿制白兰地和樱桃酒等。

15. 西瓜

西瓜（water melon）多呈圆形或椭圆形，外皮呈绿色，瓤呈红色。瓤多汁，味甜，爽口。西瓜在西餐中常见于冷盘和甜食中。

16. 葡萄

葡萄（grape）根据产地不同可以分为欧洲品种、东亚品种，著名的有原产于英国的"玫瑰香"、原产于奥地利的"法兰西"、原产于中亚的"无核白"，我国有龙眼、马奶子等品种。葡萄呈圆形或长圆形，颜色有红、黑、绿、黄、紫，有核或无核，外皮均有白色蜡质粉末。

草莓

荔枝

樱桃

西瓜

葡萄不但可口，而且营养价值高。一般除生食外，还可以酿酒或制作罐头、果酱。西餐中，葡萄多作为装饰料、烹饪辅料使用，常见于冷盘和甜食中。

葡萄

17. 芒果

芒果（mango）属热带水果，在春末、夏季味道最好。芒果主要呈椭圆形和腰果形，颜色有红、黄及橘色。绿色发硬的芒果未成熟。芒果多汁，有辛辣味道，可以烹调，也可以生食。

芒果

三、西餐常用干果原料

干果是指成熟时果皮、果肉干燥或裂开，唯有坚硬种皮内种子可食的一类果实。干果品种较多，水分含量少，易于长久储存，一般需加工后食用。西餐常用干果有核桃、板栗、杏仁、腰果仁等。

1. 核桃

核桃（walnut）又称胡桃，果实呈圆形，果皮坚硬，呈黄褐色。核桃仁形似人脑，外包薄膜状种皮，呈黄白色，干燥饱满，富含油质，营养丰富。核桃多用于西点中，也可用于西餐冷热菜肴的制作。

核桃

2. 板栗

板栗（chestnut）原产于我国，果实外面有密刺，果肉呈淡黄色，肉质细密且带有黏性，清香味甜。在西餐中，板栗多用于制作西点和热菜配菜。

3. 杏仁

杏仁（almond）原产于我国。杏仁由杏的

板栗

果仁制成，有甜苦之分。甜杏仁可供食用；苦杏仁有微毒，主要用于医药和工业。优质杏仁个大，脆而香甜，富含油质。杏仁在西餐中使用广泛，冷菜、热菜、甜食均可使用。

杏仁

4. 腰果仁

腰果原产于巴西。腰果仁（cashew）是在采收后立即摊晒，从干燥坚硬的腰果中剥取出的。腰果仁呈肾形，色如白玉，有较强的清香味。腰果仁可生食，也可炒、炸，香味胜过花生。它既可作为主料制成甜食，也可作为装饰料。

腰果仁

第五节 西餐常用谷类原料

谷类原料在西餐中较少使用，主要用于制作配菜，常用的主要是大米、意大利面食等。

一、大米

大米（rice）是西餐中常用的原料，种类很多。在西餐中，大米常作为肉类、海鲜类和禽类菜肴的配菜，也可以制汤，还可用来制作甜点等。西餐中常用的大米有长粒米、短粒米、营养米、半成品米和即食米。一般较黏的品种在西餐中较少使用。

二、意大利面食

意大利面食（pasta）是意大利美食的重要代表。意大利面食种类繁多，再配上酱汁的组合变化，可做出上千种的意大利面食品。

文艺复兴时期，意大利面食的种类和酱汁逐渐丰富。意大利本地规定，意大利面食必须采用100%优质小麦粉及煮过的优质水制作，且不论手工制品还是机器制品，都不可添加色素及防腐剂。除了原味面条外，还有用蔬果混制而成的色彩缤纷的面条，如番红花面、黑墨鱼面及蛋黄面等。

意大利面食形状千变万化，如细圆形的 spaghetti、细如丝线的 angel hair，扁平形的宽面、波浪宽扁面，通心粉形的葱管面与斜管面，还有形似小猫耳朵的耳形面、形似螺丝钉的螺旋形面、形似蝴蝶结的大小蝴蝶结面、形似饺子的方形面饺、形似馄饨的卡佩拉奇面饺、形似贝壳的贝壳形面饺，以及开放式的千层面等。

意大利面食可作为主菜的原料，也常作为主菜的配料。其特点是烹调时间较长，吸收水分多。

意大利面条

第六节　西餐常用调料及烹调用酒

调料包括调味料、香料、调色料、调质料等，其中调味料和香料较为常用。

一、西餐常用调味料

调味料又称调味品，是在原料加工或烹调过程中主要用于调和食物味道的原料的统称。调味料可定口味，去异味，增香合味，丰富色彩，促进食欲。西方国家对调味料很重视，虽然用量不多，却应用广泛。每种调味料都含有区别于其他调味料的特殊呈味物质，从而形成菜点的不同风味特色。

1. 食盐

食盐（salt）是世界上使用最广泛的调味料，其主要成分是氯化钠。食盐按来源不同可分为海盐、湖盐和岩盐，其中海盐使用最普遍。海盐按加工精度不同又可分为大盐和精盐。由于大盐颗粒较大，溶解慢，且略带苦涩味，故不宜用来调味，只适宜用来腌制菜肴。精盐是大盐再加工的产物，呈粉末状，色洁白，质地纯，易溶解。

2. 食糖

食糖（sugar）是甘蔗或甜菜经榨汁后加工制成的调味料。西餐中常用的品种有砂糖、绵白糖、红糖、方糖等。

优质砂糖的蔗糖含量占 99% 以上，色泽洁白光亮，结晶如砂粒，松散干燥，在西餐中广泛使用。

绵白糖的蔗糖含量占 97%~98%，色泽洁白，颗粒细小均匀，质地细腻绵软，溶解快，适宜制作快速烹调的菜肴。

红糖又称黑糖或黄糖，呈褐红色，口感绵软，甜味中带有浓郁的甘蔗香味，是未经提纯的甘蔗制品，适宜制作圣诞布丁等甜食。

方糖用优质砂糖压制而成，呈方形，色洁白，溶解快，主要放在餐台上，供食客放入饮料中使用。

3. 咖喱粉

咖喱粉（curry powder）由 20 多种香辛料混合制成，主要原料有胡椒、辣椒、生姜、肉桂、肉豆蔻、丁香、芫荽籽、茴香、甘草、橘皮等，是一种合成调味料。

咖喱粉辛辣微甜，呈黄色或黄褐色，多用于烧制菜肴，具有提辣增香、去腥合味、增进食欲的作用。用咖喱粉调味的菜肴含有特殊的香辣味，极富特色。

4. 食醋

食醋（vinegar）在烹饪中应用广泛，主要起除腥解腻、增鲜味、加香味、添酸味等作用。此外，食醋还可抑菌、灭菌，可降低辣味，保持蔬菜脆嫩，防止褐变，使维生素 C 少受损失。

食醋按其制作方法不同可分为发酵醋和人工合成醋两大类。西餐常用食醋有白醋

（white vinegar）、葡萄酒醋和果醋。白醋用醋精加水稀释而成，口味纯酸，无香味，主要用于制作沙拉和沙拉汁。葡萄酒醋又分为红酒醋（red wine vinegar）和白酒醋（white wine vinegar），用葡萄或酿葡萄酒的糟渣经发酵制成，口味酸并带有芳香气味，经常用来做沙拉调味料。果醋包括苹果醋、浆果醋等，用酸性果实发酵制成，色泽淡黄，口味醇鲜。

5. 李派林

李派林（Lea & Perrins sauce）是西餐中广泛使用的调味料，十九世纪传入我国，因其色泽、风味与酱油相似，故又称辣酱油。李派林由海带、番茄、辣椒、洋葱、糖、食盐、胡椒、大蒜、陈皮、肉豆蔻、丁香、茴香、糖色等酿制而成，口味浓厚，可作为调味料，也可直接食用。

6. 芥末酱

芥末酱（mustard）是西餐中重要的调味料，冷热菜均有使用，沙拉类菜肴使用最多，其次是香肠类菜肴。

芥末酱品种很多，最著名的是法国的第戎芥末酱（Dijon mustard），它辛辣味适中，非常适合制作沙拉类菜肴。德国产的芥末酱也很有特点，其口味繁多，有甜味、蒜味、辣味等，适合作为德式香肠类菜肴的蘸酱。英国的芥末酱十分辛辣，是各种牛排菜肴蘸酱的上选。

7. 番茄酱

番茄酱（ketchup）是西餐中广泛使用的调味料，是将红色小番茄粉碎、熬煮，再加适量的食用色素制成。优质番茄酱色泽鲜艳，浓度适中，质地细腻，无颗粒，无杂质，主要用于调味。

8. 甜椒粉

甜椒粉（paprika）又称红椒粉，用甜椒制成，主要产于匈牙利。甜椒粉在西餐中广泛用于调色、调味。

9. 紫苏酱

紫苏酱由松果、紫苏、大蒜、乳酪、橄榄油等调制而成，自古就在意大利流传，是非常有名的调味酱，适合搭配肉类、海鲜、开胃菜及各式意大利面食，也可用来调制酱料。

10. 水瓜榴

水瓜榴（caper）也称续随子、刺山柑，是一种灌木。其花蕾可用于调味和食用，所以一般也称其花蕾为水瓜榴。市场上最常见的是醋渍或盐渍的水瓜榴。制作调味汁或沙拉时，可以直接使用醋渍的水瓜榴。使用盐渍的水瓜榴时，必须先将其浸泡在水中，把咸味泡净之后再用于制作菜肴。

11. 酸黄瓜

酸黄瓜（pickle 或 gherkin）用小黄瓜或嫩黄瓜腌制而成，口味酸咸，生津开胃，主要用于制作沙拉、沙司，或搭配汉堡包、热狗等快餐食品。

水瓜榴

酸黄瓜

二、西餐常用香料

香料由植物的根、花、叶子和树皮等部位经干制、加工而成。香料具有浓郁的挥发性气味，广泛用于西餐菜肴调味。西餐所用的香料主要是干制品，也有部分为鲜品。

1. 百里香

百里香的叶及嫩茎可用于调味，干制品和鲜品均可，英、美、法式菜使用较普遍。加了百里香的菜肴，经长时间烹煮也能保留其香味。百里香常用于制作香醋、香草黄油、装饰类蔬菜、沙拉等，大部分烩菜、汤汁等制作时也经常使用。百里香用于腌肉及鱼类时效果良好，味道颇为强烈。

百里香

2. 迷迭香

迷迭香的叶子细长而坚硬，具有一种樟脑型的微香并富含强烈的刺激性。市场上也出售迷迭香粉和干燥的迷迭香叶，但和新鲜的迷迭香叶相比，它们的风味和香味要逊色得多。迷迭香叶主要用于制作煮焖或烧烤的食物，新鲜的迷迭香叶可切碎后加入沙拉中，以增添香味。

迷迭香

3. 藏红花

藏红花（saffron）又名番红花或西红花，原产于西班牙。国外最初仅将其作为染料，后来人们才认识到它是一种活血通络、化瘀止痛的珍贵药材。伊朗种植藏红花已有700年历史，其生产的藏红花在颜色、口感和香味上都是目前世界上质量最好的。这种药材传入西藏后，人们就把它称为藏红花。

藏红花

藏红花是一种名贵的调味料，一般西餐中使用的都是小包装，1包1克左右。藏红花既可以调味，也可以调色，常用于海鲜类、禽类菜肴的制作，有时也用于点缀。

4. 香叶

香叶（bay leaf）又称桂叶，是桂树的叶子。香叶可分为两种：一种是月桂树（又称天竺桂）的叶子，呈椭圆形，较薄，干燥后呈淡绿色；另一种是细叶桂的叶子，较长且厚，干燥后呈淡黄色。香叶的干制品、鲜品都可使用，在西餐中用途广泛。

香叶

5. 胡椒

胡椒（pepper）味道香辣，常见的胡椒分为白胡椒和黑胡椒。

胡椒

白胡椒以药用价值为主，调味次之，可散寒、健胃，对肺寒、胃寒有一定疗效。黑胡椒与白胡椒属同一类，将未成熟的绿色嫩胡椒摘下后放在滚水中浸泡 5~8 分钟，捞起晾干，再放在阳光下晾晒 3~5 天后焙干，就成了黑胡椒。

黑胡椒味道比白胡椒更为浓郁，厨师们把它用于烹调，以达到香中带辣、提味开胃的效果。烹调时，要先将黑胡椒研成末，并注意与肉食同煮的时间不宜太长。

肉豆蔻

6. 肉豆蔻

肉豆蔻（nutmeg）又称肉果，果实近似球形，成熟后剥去皮取其果仁，经浸泡、烘干后，即可作为调味料。

肉豆蔻表面呈灰褐色，质地坚硬。它气味芳香而强烈，味辛而微苦。优质肉豆蔻个大而沉重，香味明显。肉豆蔻在烹调中主要用于调制肉馅或调制大小红肠，以及作为西点和土豆类菜肴的调味料。

丁香

7. 丁香

丁香（clove）又名雄丁香、丁子香。丁香树的花蕾在每年 9 月至次年 3 月间由青色逐渐转为鲜红色，这时将其采集后，除掉花柄，晒干后即为丁香。丁香是西餐中常用的调味料之一，可作为腌制香料和烤焖香料。

鼠尾草

8. 鼠尾草

鼠尾草又称洋苏叶、艾草，具有特殊的香味，能使人产生舒服的清凉感，同时，鼠尾草还略有苦味和涩味。鼠尾草常用于制作各种馅心、香肠等。

罗勒

9. 罗勒

罗勒（basil）也称甜紫苏，是原产于印度的一种香草，味甜且有一种独特的香味，和番茄的味道极其相配，是制作意大利式菜

肴不可缺少的调味香草。干燥的罗勒香味大幅变淡，所以应尽量使用新鲜的罗勒。罗勒多用于烹制鱼类、家禽、畜肉及腌制、烧烤食品。

10. 牛至

牛至（oregano）别名比萨草、花薄荷，全部植株都具有香味。牛至原产于欧洲，从地中海沿岸地区至印度均有分布，在法国是一种非常常见的野生植物。在西餐中，牛至常用于原料腌制和比萨制作。

牛至

三、西餐烹调用酒

在不同的菜肴中加入不同的酒，是西餐制作的一个显著特点。特别是在法式菜肴中，酒和香料被公认是烹饪的两大要素。

1. 西餐烹调用酒的使用原则

烹调用酒是西餐菜肴产生香气的重要手段。西餐中烹调用酒使用较多，并讲究烹调用酒与不同菜肴之间的搭配。

色香而味淡雅的酒应与色调冷、香气雅、口味纯的菜肴相搭配，香味浓郁的酒应与色调暖、香气馥、口味杂的菜肴相搭配。一般来说，白酒常用于烹制海鲜类或白肉类菜肴，红酒常用于烹制红肉类、野味类菜肴。咸味菜肴一般选用酸型酒，辣味菜肴一般选用浓香型酒，甜食点心一般选用甜味酒。菜式难以确定时，则选用中性酒。

西餐烹调用酒赋予菜肴鲜明的特色，在烹调过程中必须针对不同酒的特点，加以选择利用。

2. 西餐烹调用酒的作用

（1）腌制原料

在西餐中，原料往往被加工成大块或厚片，所以其内部往往不容易入味。烹制前对原料进行腌制，则可以改善菜肴的口味。腌制时常常使用烹调用酒，酒中的酒精和适当的酸度可以达到去腥解腻的效果，而且可以嫩化烹饪原料。

（2）赋味、调味

在烹调中使用酒类，可以赋予菜肴独特的香气及特有的风味，而且酒的等级高低决定着菜肴档次。

（3）溶解、去渣

煎烤菜肴时，烹调锅具底部常会留有一些食物残渣。此时可以添加适量葡萄酒并再次加热，使残渣溶解并制成菜肴的调味汁。因为加热时间短，这样不会影响葡萄酒的风味。

（4）产生燃焰效果

在烹调过程中，为了使菜肴表面焦化及散发出独特的香气，常常使用烈性酒来烹调，使其产生火焰和香气，活跃就餐气氛，产生较好的视觉效果。

3. 西餐常用烹调用酒介绍

（1）白兰地

凡是将葡萄采用蒸馏和陈酿工艺制成的蒸馏酒或将葡萄皮渣采用发酵和蒸馏工艺制成的酒都统称为白兰地（brandy）。白兰地是无色液体，一般放入用橡木制成的大酒桶内贮存。贮存时间越长，酒味越醇，且酒与橡木桶接触而呈金黄色。法国科涅克（又译干邑）生产的白兰地是世界上最佳的白兰地。白兰地常用星数和英文字母表示酒的年份和等级。

白兰地在西餐中使用非常广泛，腌制肉类、批量加工冻肉或煎扒肉类时，加入白兰地能去除异味，增加肉类的香味，如令其沸腾则会散发更浓的香味。

（2）威士忌

威士忌（whisky 或 whiskey）是用大麦或玉米等粮食酿制后蒸馏而成的酒，其酒精度一般为 40%vol~62.5%vol。在西餐中，威士忌可以赋予菜肴独特的香气。

威士忌通常需要在木桶里放置多年后才装瓶上市，这种老化过程能够增加威士忌的香味，使其味道更加温顺柔和，同时也使威士忌具有比较深的颜色。一般认为，老化用的木桶本身和老化过程在很大程度上决定着威士忌的质量和味道。

苏格兰是威士忌的故乡。任何地方生产的威士忌都可以称为威士忌，在苏格兰酿制的威士忌则称为苏格兰威士忌（scotch）。美国酿制的威士忌中最有影响力的是肯塔基波本威士忌，这种酒最早是在肯塔基酿成的，因而得名。威士忌的其他主产国有爱尔兰、加拿大和日本。

一般认为，爱尔兰威士忌的味道要比苏格兰威士忌的味道柔和。有一些加拿大的威士忌主要是用稞麦酿成的，所以这种加拿大威士忌也称稞麦威士忌。

（3）金酒

金酒（gin）又称杜松子酒、琴酒、毡酒，是用粮食（如大麦、玉米和黑麦等）酿制后蒸馏而成的高度酒。其中加有松子、当归、甘草、菖蒲根和橙皮等多种成分，所以杜松子酒有扑鼻的草药味，其酒精度一般为35%vol~50%vol。西餐中一些特色菜肴可以用金酒调味。

十六世纪，金酒发明于荷兰，最初为医用品，作为一种饮料是从英国开始普及的。荷兰式金酒以大麦、黑麦、玉米、杜松子及香料为原料，经过三次蒸馏再加入杜松子进行第四次蒸馏而制成。荷兰式金酒透明清亮，清香气味突出，风味独特，口味微甜，酒精度为52%vol左右。英式金酒又称伦敦干金酒，由食用酒精、杜松子及其他香料共同蒸馏（有的将香料直接调入酒精内）制成。英式金酒透明清亮，酒香浓郁，口感醇美甘冽。除荷兰式金酒和英式金酒外，欧洲其他一些国家也产金酒。

（4）朗姆酒

朗姆酒也称兰姆酒，是用甘蔗汁酿制后蒸馏而成的酒，酒精度一般为25%vol~50%vol，主要用于西点调味。大多数朗姆酒产于古巴、波多黎各和牙买加等加勒比海国家。

朗姆酒主要包括以下几种：白朗姆酒（white rum），这种酒味淡色浅，老化时间不长；黑朗姆酒（dark rum），这种酒经过多年老化，味浓色深，高质量的朗姆酒基本上都是黑朗姆酒；金朗姆酒（golden rum或amber rum），这种酒介于上述两者之间，目前受到越来越多的欢迎；加香朗姆酒（spiced rum），这种酒加有其他调味料。

（5）伏特加

伏特加（vodka）是俄罗斯最有代表性的白酒，以小麦、黑麦、大麦等为原料（后改为以土豆和玉米为原料），经粉碎、蒸煮、糖化、发酵和蒸馏制成优质酒精，再进一步加工而成，一般不需陈酿。在西餐中，伏特加主要用于俄式菜肴的调味。

伏特加无色、无香味，具有中性的特点，不需贮存即可出售。

（6）特基拉酒

特基拉酒（tequila）是墨西哥的特产。特基拉是墨西哥的一个小镇，此酒以产地得名。特基拉酒有时也被称为龙舌兰酒，因为此酒的原料很特别，它是以一种植物龙舌兰为原料。

刚制成的特基拉酒香气突出，味道强烈，要放入橡木桶中陈酿。陈酿时间不同，酒的颜色和口味差异很大。未经陈酿的特基拉酒为白色，贮存期3年以内的为银白色，贮存期 2~4 年的为金黄色,特级特基拉酒需要更长的贮存期。

特基拉酒口味强烈,香气独特,在西餐中,主要用于墨西哥菜肴的调味。

（7）葡萄酒

葡萄酒（grape wine）在世界酒类中占重要地位,最常见的有红葡萄酒（red wine）和白葡萄酒（while wine）,酒精度一般为 10%vol~20%vol。

红葡萄酒用颜色较深的红葡萄或紫葡萄酿造而成。酿造时果汁果肉一起发酵,所以颜色较深。红葡萄酒分甜型和干型两种,烹调中多数使用干型酒。在制作畜类、禽类及野味类菜肴中,红葡萄酒使用非常普遍,可去除不良气味,增加菜肴的浓香味。

白葡萄酒以青黄色的葡萄为原料酿造,因为在酿造过程中去除果皮,所以颜色较浅。干型白葡萄酒使用较多,清冽爽口,适宜吃海鲜类菜肴时饮用。

白葡萄酒在烹调中使用广泛,常用于烹制海鲜类菜肴或白汁类菜肴,它能去除不良气味,突出食物鲜美的原味。烹调时最好选用烈性干白葡萄酒,这类白葡萄酒酸度较高,用它制成的菜肴格外清香。

（8）香槟

香槟（champagne）原产于法国北部的香槟地区,是用葡萄酿造的汽酒,非常名贵,有"酒皇"之美称。香槟讲究采用不同品种的葡萄为原料,经发酵、勾兑、陈酿、转瓶、换塞填充等工序制成,制成后一般需要 3 年的时间才能饮用,以 6~8 年的陈酿香槟为最佳。

香槟色泽金黄透明,味微甜酸,果香大于酒香。其口感清爽纯正,各种味道恰到好处。香槟酒精度为 11%vol 左右,有干型、半干型、甜型之分,对应的糖分含量分别为 1%~2%、4%~6%、8%~10%。

（9）雪利酒

雪利酒（sherry）又称谢里酒,主要产于西班牙的加的斯。雪利酒可分为两大类,即菲奴（fino）和奥罗露索（oloroso）。

菲奴雪利酒是清香型酒,色泽淡黄明亮,香味优雅清新,口味甘冽、清淡、鲜爽,酒精度为 15.5%vol~17%vol。

奥罗露索雪利酒是浓香型酒,色泽金黄或棕红,透明度高,香气浓郁,有核桃仁似的香味。它的酒精度为 20%vol,少数达 25%vol。

雪利酒常用来佐餐甜食,或用于清汤的调味。牛肉清汤加入雪利酒后清香无比,

更能显露出牛肉的香味。

（10）马德拉酒

马德拉酒（Madeira wine）主要产于大西洋的马德拉岛上，以当地产的葡萄酒和葡萄蒸馏酒为基本原料，经勾兑、陈酿制成。马德拉酒酒精度多为16%vol~18%vol，既可作为开胃酒饮用，也可作为甜食酒饮用，常用于烹制牛肉及肝类菜肴。

（11）茴香酒

茴香酒（anisette）主要产于欧洲一些国家，以法国所产最为著名。茴香酒用茴香油与食用酒精或蒸馏酒配制而成，酒精度一般为25%vol左右。茴香酒常用于海鲜类菜肴的调味汁，并可作为餐前的开胃酒。

（12）钵酒

钵酒（port）又称波特酒，原名波尔图酒，产于葡萄牙的杜罗河一带，在波尔图储藏销售，所以得名。钵酒是葡萄原汁酒与葡萄蒸馏酒勾兑而成的，在生产工艺上吸收了配制酒的酿造经验。

钵酒可分为黑红、深红、宝石红、茶红四种类型，主要品牌有陈年钵酒（tawny port）、宝石红钵酒（ruby port）、白钵酒（white port）等。钵酒可作为甜食酒饮用，烹调中常用于野味类菜肴及汤类，腌制肝类菜肴时更是不可缺少。它能去除肝的腥味，增加肝类菜肴的独特香味。

思考题

1. 简述牛肉、小牛肉的肉质特点。
2. 西餐常用海水鱼有哪些？
3. 西餐中使用的奶油和黄油有什么区别？
4. 西餐中的欧芹和西芹各有什么主要用途？
5. 简述意大利面食的类型。
6. 简述西餐烹调用酒的使用规则。

第五章

西餐原料加工工艺

学习目标

1. 掌握西餐常用原料的初加工工艺。
2. 掌握西餐常用原料的分档、剔骨出肉工艺。
3. 掌握西餐常用原料的切割、整理成形工艺。

第一节　西餐原料初加工工艺

一、蔬菜原料的初加工工艺

蔬菜原料的品种很多，加工方法也不尽相同。

1. 叶菜类蔬菜

西餐中使用的叶菜类蔬菜主要有生菜、菠菜、欧芹、苋菜、西芹等。

初加工时，一是去除黄叶、老边、糙根和粗硬的叶柄，以及泥土、污物和变质的部位；二是用清水洗净，进一步去除泥土、污物和虫卵，必要时用盐水浸泡 5 分钟，然后洗净。

2. 花菜类蔬菜

西餐中使用的花菜类蔬菜主要有花椰菜、朝鲜蓟等。

初加工时，一是去除茎叶，削去发黄变色的花蕾，然后分成小朵或去除老边；二是进行清洗，主要去除花蕾内部的虫卵，必要时可以先用 2% 的盐水浸泡，然后洗净。

3. 根茎类蔬菜

西餐中使用的根茎类蔬菜主要有土豆、山芋、萝卜、胡萝卜、红菜头等。

（1）去皮

根茎类蔬菜一般都有较厚的外皮，不宜食用，应该去除。去皮的方法因原料不同而有所不同，胡萝卜、红菜头等只需轻微刮擦即可，土豆、山芋等需要去皮整理后再用小刀去除虫疤及外伤部分。

（2）清洗

根茎类蔬菜一般去皮后洗净即可，但有些根茎类蔬菜（如土豆、莴苣等）去皮后易发生氧化褐变，所以去皮后应及时浸泡于水中，以防止变色。注意浸泡时间不能过长，以免原料中的水溶性营养成分损失过多。

二、禽畜肉类原料的初加工工艺

现代西餐使用的禽畜肉类原料往往是经过加工的冻肉或鲜肉，带骨或去骨，整片或分割成小块。

1. 冻肉的解冻工艺

冻肉解冻应遵循缓慢解冻的原则，使肉中的汁液恢复到肉组织中去，以减少营养成分的损失，同时也能尽量保持肉的鲜嫩。常用的解冻方法有以下几种：

（1）空气解冻法

空气解冻法即把冻肉放在 12~20 ℃的室温下解冻。这种方法解冻时间较长，但肉汁恢复较好，肉的营养成分损失也较少。也可以把冻肉放在冰箱冷藏室内解冻数小时后取出使用。

（2）水泡解冻法

水泡解冻法即把冻肉放在接近 0 ℃的冰水中浸泡解冻。此法操作简单，是被广泛采用的解冻方法，但会使肉中的营养成分流失较多，同时会降低肉的鲜嫩程度。

采用这一方法时一定要用冷水，不可用热水，这是因为肉类食物在速冻过程中，细胞内液与细胞外液迅速冻成了冰，形成了肌纤维与细胞中间的结晶。这种结晶是一种很有营养价值和风味的物质。如果用热水解冻，不但会失去一部分营养成分和风味物质，而且会生成一种称为丙醛的强致癌物。

解冻时也不要用力摔砸冻肉，以减少营养成分的损失。

（3）微波解冻法

微波解冻法使用微波炉解冻，其原理是使原料分子在微波的作用下高速反复振荡，不断摩擦，产生热量而解冻。原料解冻后仍然能大体保持原有的结构和形状。

总的来说，科学的解冻方法是将冻肉放在冷水中浸泡或放在 4~8 ℃的地方，使其自然解冻。

2. 鲜肉的初加工工艺

鲜肉的初加工工艺主要包括洗净和剔净筋皮。如果鲜肉暂时不用，应区分不同部位放入冰箱冷藏。

3. 其他禽畜肉类原料的初加工工艺

除肌肉外，对其他禽畜肉类原料如内脏、尾巴、舌头等原料的初加工要十分细致，因为这些原料上都带有污物，比较油腻，有的还带有腥臭味，如果不处理干净就不宜食用。不同部位的原料，初加工工艺也各不相同。

以肥鹅肝为例，其初加工工艺主要包括以下步骤：

（1）先把肥鹅肝放在室温下解冻，使其变柔软。

（2）解冻后，用手把肥鹅肝掰成大小两块，把较圆的一面朝上，用西餐刀在肥鹅肝的中间位置纵向切开一个长切口，再用双手拇指把切口拉开。

（3）找出肥鹅肝中的筋，然后用西餐刀和手指一边摸一边挑出来，注意不要把筋拉断。因为肥鹅肝的筋从根部到梢端越来越细，很容易拉断。

（4）在摘除大筋的同时，应注意去除分支的小筋、血管和红色斑点。

三、水产品原料的初加工工艺

西餐中，水产品原料的初加工主要涉及鱼和虾。

1. 鱼类的初加工工艺

鱼类在切配与烹调以前，先要去鳞、鳃、内脏等并洗净，具体的步骤依品种与烹调方法而异。一般先刮去鳞，然后用剪刀或菜刀去除鳍，再用手或工具挖去鳃，最后摘除内脏。但鲥鱼、鳓鱼的鳞富含脂肪，味道鲜美，故只除鳃，不必去鳞。鳜鱼、鲈鱼、黄鱼的背鳍非常锐利，须在去鳞前用剪刀剪去，如扎到手容易感染导致发炎。

（1）鲈鱼的初加工工艺

1）为了保证鲈鱼肉色洁白，宰杀时应把鲈鱼的基鳃骨斩断，倒吊放血。

2）待血污流尽后，将鱼放在砧板上，从鱼尾部沿着脊骨向上剖断胸骨，将鲈鱼分成软、硬两边，然后取出内脏，将鱼肉血污洗净即可。

（2）三文鱼的初加工工艺

1）将新鲜的三文鱼洗净，平放在砧板上，顺鱼鳃将其头部切下。

2）把三文鱼分成两片。切时应以快速的刀法，从头至尾依骨切下鱼肉（三文鱼肉质细嫩，在切时动作应轻一点）。

3）切去鱼腹部含脂肪较多的部位。

4）将鱼侧部含脂肪较多的部分连皮一起去掉。

5）用小刀把白膜顺鱼骨切掉。

6）用钳子把鱼肉里的一些零碎鱼骨去掉。

7）最后切掉鱼皮。先在鱼肉尾段割一下，把鱼皮拉紧，然后慢慢从尾段起将鱼皮切掉。注意切时应拉动鱼皮，刀不动。

2. 虾的初加工工艺

虾的初加工工艺一般有两种。一是把虾头及虾壳剥去，留下虾尾，然后用刀在虾背处轻轻划一道沟，取出虾肠，洗净。这种加工方法在西餐中普遍使用。

另一种方法是用剪子剪去虾须、虾足，再从背部剪开虾壳，洗净。用这种方法加工的虾适宜制作铁扒大虾类的菜肴。

有时根据制作菜肴的不同，需要对水产品进行针对性的加工。

第二节　西餐原料分档、剔骨出肉工艺

　　分档和剔骨出肉是根据原料的组织结构和选料要求，将整体原料分卸成相对独立的不同部位，以便于烹制，以及去除骨头、取肉的工艺过程。操作时必须熟悉原料的各个部位，并掌握好分卸的先后次序，做到分卸合理，物尽其用。例如，从家禽、家畜肋部肌肉之间的膈膜处下刀，就可以把原料不同部位的界限基本分清，这样才能保证所用原料的质量。

一、畜类原料分档、剔骨出肉工艺

　　畜类原料体形较大，其分档工艺一般都在工厂进行，欧美多采用机器进行加工。西餐厨房使用的畜肉几乎都是已分卸并包装好的各个部位。但在我国西餐业中，除某些畜体由工厂分卸外，大都还需要厨师自己在厨房进行操作。

1. 牛肉分档、剔骨出肉工艺

　　牛肉的部位不同，其肉质也有很大区别，所以，在原料的选用上，一定要根据其肉质特点恰当使用。

　　牛肉分档及部分部位牛肉如下图所示。

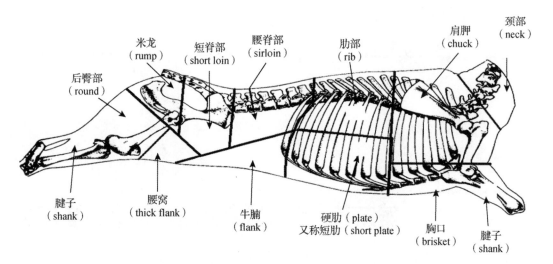

牛肉分档示意图

肩胛牛排（top blade steak）

T骨牛排（T-bone steak）

肋眼牛排（rib eye steak）

美式T骨牛排

菲力牛排（filet steak）

西冷牛排（sirloin steak）

米龙（rump）

2. 羊肉分档、剔骨出肉工艺

羊肉分档及部分部位羊肉如下图所示。

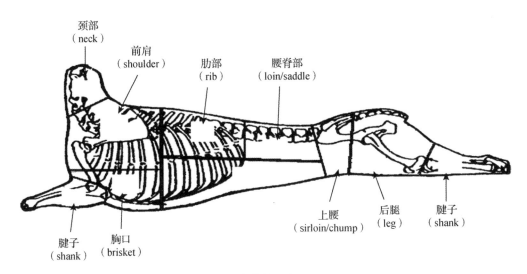

羊肉分档示意图

法式 7 肋羊排

皇冠羊排

羊鞍

蝴蝶排

3. 猪肉分档、剔骨出肉工艺

猪肉分档如下图所示。

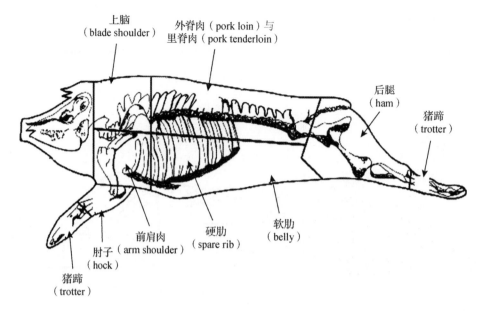

猪肉分档示意图

上脑肉质较嫩，适合采用煎、炸、烤等烹饪方法烹制。

前肩肉纤维细嫩，吸水性强，常用于制作肉馅。

外脊肉和里脊肉统称脊背肉，肉质最嫩，常用于加工猪排及烤制菜肴。

硬肋的肉中带有小排骨，可烧烤、烩制。

软肋中瘦肉和脂肪层交错，肉质较差，通常加工成培根、香肠及肉馅。

后腿部肉质较嫩，适合烧烤、煮焖。

肘子富含胶质，用于烩制或煮汤。

猪蹄即猪前后脚爪，皮和骨多，胶质也多，多用于煮汤。

二、禽类原料分档、剔骨出肉工艺

禽类原料的分档工艺大体相同，光鸡分档工艺最为常用。

1. 光鸡分档、剔骨出肉工艺

（1）分卸鸡腿肉时，由鸡腹侧下刀，切开鸡腿关节的外皮和肉，用手抓住鸡腿，用力翻向后侧，然后沿着鸡腿的关节把皮和肉切开，再向外拉鸡腿，把鸡腿撕下来。

（2）从肩胛骨处割下鸡翅。

（3）鸡架主要包括骨头和鸡皮，常用于煮汤。分卸时，在肩胛骨处切开一个口，切口一直延伸到鸡颈下方，然后用手指扣住鸡脊骨，用力向外拉鸡脊骨，将鸡架拉出来。

（4）鸡胸包括鸡脯肉和鸡里脊肉两部分，肉质很嫩，适合采用扒、煎、炸、烤等烹饪方法烹制。分卸时，先切除颈部多余的皮，再压着鸡胸肉的中间部位，把鸡胸骨由中间切成两半，从而把鸡胸肉切成两半。

2. 光鸡及各部位适宜的烹饪方法

光鸡（chicken）适合整只煮汤、烧烤等。

鸡腿（chicken leg）适合煮、烩、烤等。

鸡脯（chicken chest）适合煎、炸、烤等。

鸡骨（chicken bone）适合煮汤。

鸡翅（chicken wing）适合烧烤、烩制、焖制等。

三、鱼类原料分档、剔骨出肉工艺

鱼类要根据鱼的自然形态和烹调要求进行剔骨出肉。有的将鱼去头、骨、皮，只取净肉；有的只去鳞去骨，不去皮；有的不去头尾，不破腹，直接从鱼体上剔下鱼肉。鱼的形态不同，具体加工方法也不尽相同。

1. 鱼三片的出肉工艺（适合一般鱼类）

（1）刮除鱼鳞，切掉鱼头，摘除内脏，用水洗净。

（2）从鱼头部切口处入刀，贴住鱼脊骨，从头至尾割断鱼肋骨，从鱼体一侧切下一块带皮鱼肉。再用同样的方法，从另一侧将带皮鱼肉分离下来。

（3）去腹刺，然后去鱼皮。

（4）至此，将整鱼分成两片鱼肉、一块鱼骨。

2. 鱼五片的出肉工艺（适合菱鲆鱼类）

（1）刮除鱼鳞，在鱼的周边切出一圈切口，并纵向在鱼体中间切开一个长切口。

（2）从中间向外切，先将鱼一侧腹部的部分切下来，再将鱼背部的部分切下来。

（3）将鱼翻身，采用同样的方法，把另一侧的腹部和背部部分分别切下来。

（4）剔除腹骨，除去鱼皮，即得到四片鱼肉、一块鱼骨。

3. 鱼排的出肉工艺（以金枪鱼为例）

（1）除去鱼鳞，切掉鱼头，摘除内脏，用水洗净。

（2）从背部切至腹部，将鱼切成2厘米厚的段即可。

四、扇贝、虾、蟹的出肉工艺

1. 扇贝的出肉工艺

（1）把扇贝壳的扁平面朝上，把西餐刀插进壳内，把壳撬开。

（2）找到位于闭壳肌附近处的贝肠、鳃、砂囊，将其去除。

（3）切下贝肉，用手撕除贝肉周围的薄膜，并用与海水浓度相近的盐水简单地洗一下贝肉。

2. 淡水虾的出肉加工

（1）拧下中间的一片虾尾，直接向后拉，把虾肠拉出并去除。

（2）拧下虾头，将虾腹朝上，用拇指和食指从虾尾向虾头方向不断挤压，把虾肉从虾壳中挤出来。

3. 龙虾的出肉工艺

（1）把虾头和虾身之间的薄膜切开，摘除虾头。

（2）把虾腹朝上，用剪刀剪开龙虾腹部壳的两侧，剥下虾腹部的壳。

（3）剥出虾肉，摘除虾肠。

4. 蟹的出肉工艺

（1）将蟹蒸熟或煮熟。

（2）将蟹腿取下，剪去一头，用擀面杖在蟹腿上向剪开的方向滚压，把腿中的肉挤出。

（3）将蟹螯扳下，用刀拍，取出蟹螯中的肉。

（4）剥去蟹脐，挖出蟹黄，再掀下蟹盖，用工具剔出蟹肉。

（5）将掀下蟹盖的蟹身肉用竹签剔出。也可将蟹身切开，再用竹签剔出蟹肉。

第三节　西餐原料切割、整理成形工艺

大多数烹饪原料都要经过切割才能符合烹调工艺和食用的要求，增加菜肴的美观度。

一、刀工的操作规范

刀工是指运用刀具对原料进行切割的技能，包括运刀的姿势、运刀的速度以及运刀后的效果（切割后原料的质量）。

在现代西餐厨房中，刀工操作的机械化已经实现，它适用于大批量、标准化的食品生产，但厨房内少量原料的切割还要靠手工操作。手工操作具有一定的劳动强度，特别是在长时间操作情况下。刀工操作的规范性直接关系到操作者的安全。

1. 刀工操作前的准备

（1）切配台准备

切配台周围空间应宽敞。切配台应有高度调节装置，其高度一般以接近人体腰部高度为宜。

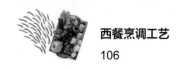
（2）台面工具陈放

台面上的工具一般有刀、砧板、实料盆、杂料盆、空料盆、抹布等，这些工具的陈放应以方便、整洁、安全为准。

（3）卫生准备

操作前应对手及使用的工具进行清洗消毒，戴好工作帽。台面与地面应保持清洁。

2. 操作姿势与方法

（1）站立姿势

两腿直立，两脚分开，略呈"八"字形，与肩同宽。颈部自然微曲，目视原料。

（2）握刀方法

一般来说，握刀没有固定的标准方法。刀具和被切原料的性质不同，则握刀方法也不完全相同。但是，握刀的方法也有一定的基本要求，例如，手心要贴着刀柄，刀要握牢，不要左右飘动。

（3）运刀方法

运刀时要注重双手的协调性，做上下运动时刀要垂直。运刀时主要靠手腕和肘部发力，采用砍、劈等刀法则讲究臂力的协调。

二、刀法及应用

刀法是指切割原料时使用刀具的方法，包括对刀具的选择、刀具运动的方向及力度。刀工和刀法紧密结合，相辅相成。刀工离不开刀法，刀法是刀工的基础。

根据原料性质及切割角度不同，西餐刀法一般分为直刀法、平刀法、斜刀法和其他刀法。

1. 直刀法

直刀法适用于砍刀等刀具，操作时刀面与砧板或原料成直角。根据原料性质和烹调要求不同，直刀法又可分为切、劈、剁等几种。

（1）切

切一般适用于无骨原料。操作时，刀的运动方向总的来说是自上而下，运动幅度较小。由于无骨原料也有老嫩之分，所以在切割时要采取不同手法。

1）直切。直切又称立切，即左手按住原料，手指弯曲，右手持刀，垂直下切。既不向外推，也不向里拉，刀笔直切下去。技术熟练后，速度加快，形成跳切。直切用途广泛，一般适于加工脆性原料，如胡萝卜、黄瓜等蔬菜。

2）推切。推切即刀刃在向下运动的同时，还由里向外运动，着力点在刀的后端，刀推到底，不需要再拉回来就切断原料。推切一般适于加工质地松散、较薄、较小的原料，如果用直切刀法加工这些原料，强行压迫切开，原料容易破碎，所以这些原料更适宜采用推切的刀法。

3）拉切。拉切即在向下切的同时，将刀由外向里拉动，着力点在刀头一端，一刀拉到底，把原料切断。这种刀法一般适于加工韧性原料，例如，无骨肉类就使用拉切的刀法。

4）锯切。锯切又称推拉切，即着力点前后交替变化，先将刀向前推，然后再往后拉，像拉锯一样来回推拉。这种刀法一般适于加工两类性质的原料，一类是较厚、无骨的韧性原料和需要切成大而薄形状的原料，另一类是质地较松，需要切成大片形状的原料，如面包等。前者用直切的方法不易切断，后者用直切的方法切容易碎散，所以需要用锯切的刀法前推后拉慢慢切，方可达到要求。

5）滚料切。滚料切时，每切一刀，就把原料滚动一次。左手滚动原料时，要求斜度适中；右手持刀，紧随原料的滚动斜度落刀。这样两手配合，切下的原料就会大小一致，形状均匀。

6）铡刀切。铡刀切时，右手提起刀柄，左手扶在刀背上，使刀柄翘起，借助左手压力，将刀刃切入原料。加工蒜末、欧芹末、芫荽末时常采用铡刀切的刀法。

（2）剁

剁是将无骨原料加工成泥以及把某些成形菜肴剁松的一种刀法。剁包括排剁、砸剁、点剁等。

1）排剁。排剁又有单刀剁和双刀剁之分。单刀剁即用一把分刀，将原料剁细。为了提高效率，通常左右两手各持一把分刀，同时配合操作，这就是双刀剁。

2）砸剁。砸剁是西式菜肴制作中的传统刀法，其特点是落刀轻而浅，刀一般不触及砧板，目的是增强原料的可塑性，使原料易于收拢成形，从而在烹制时不收缩变形。一般加工鸡排时要进行砸剁。

3）点剁。点剁也是西式菜肴制作中常用的刀法，即用分刀刀尖在原料表面轻剁数下，使其细筋断裂，从而保证原料在加热过程中受热均匀且不收缩变形。

（3）砍

砍是用砍刀砍断带骨原料或质地坚硬原料的一种刀法。具体操作方法是，右手紧握刀柄，对准要砍的部位，大力落刀。砍又分为直刀砍、跟刀砍、拍刀砍等。

1）直刀砍。直刀砍即将刀对准原料要砍的部位，用力向下直砍。这种刀法适于加工带骨原料或质地坚硬的原料。

2）跟刀砍。跟刀砍即将刀刃先嵌在原料要砍的部位上，让刀与原料一起落下，将原料砍断。这种刀法适于加工一次砍不断，需 2~3 次才能砍断的原料。

3）拍刀砍。拍刀砍即将刀放在原料所需砍断的位置，右手握住刀柄，左手用力拍在刀背上，将原料砍开。这种刀法适于加工圆形或椭圆形，体积小而易滚、易滑动的原料。

2. 平刀法

平刀法又称片刀法，是刀面与砧板接近平行状态的一种刀法，适于加工无骨的软性原料和韧性原料。操作时，由原料一侧进刀，把原料切成较大的片状。这是一种比较细致的刀法。

3. 斜刀法

斜刀法是刀面与原料或砧板夹角小于 90° 的一种刀法，分为斜刀片和反刀片。

（1）斜刀片

斜刀片也称斜刀拉片，是将刀倾斜，从原料右上方切至左下方，直到原料断开的一种刀法，适于加工无骨的韧性原料，如虾肉、鱼肉、鸡肉等。

（2）反刀片

反刀片是将刀倾斜，刀背向里（即向着操作者），刀刃向外，刀刃切入原料后由里向外运动的刀法。这种刀法通常适于加工烧烤原料，如（烤）火鸡、（烤）羊腿、（烤）牛外脊肉等。

4. 其他刀法

（1）拍

拍是西餐中一种独特的刀法，使用肉锤等工具操作，目的是将较厚的段状、片状肉类原料拍薄、拍松。根据具体手法不同，又有直拍、拉拍、推拍之分，主要用于加工肉类原料。

（2）削

削是将原料捏在手里加工的一种刀法，适用于根茎类蔬菜和瓜果的去皮。

（3）旋

旋也是在手上操作的去皮方法，作用与削相同，但二者方法各异，原料去掉外皮后的形状也不一样。削出的皮一般较碎，而旋下的皮堆放时多呈圆形，伸开则为长条。旋主要适用于水果及茄果原料的去皮。

（4）剜

剜可分为三种：一种是将鲜番茄、嫩西葫芦等原料的内瓤剜出，使之成为空壳，便于填入馅心；一种是取出文蛤、海螺等原料内的肉；一种是用特殊的工具（如带刃的圆勺）在大的瓜果蔬菜上剜下圆球（如萝卜球、哈密瓜球、冬瓜球等），作为佐食肉类的配菜。

三、蔬菜类原料的切割工艺

蔬菜含水分较多，质地脆嫩，便于切配加工。蔬菜加工的刀法主要是削和直切，加工成的形状有块、段、条、片、丝、粒以及圆形、腰鼓形、橄榄形等。

1. 叶菜类蔬菜

叶菜类蔬菜的叶片很薄，水分充足，非常容易切割。叶菜类蔬菜切割后的形状主要有以下几种：

（1）丝

丝（chiffonade）要求切得很细，如"法式蔬菜沙拉"中的蔬菜丝。

（2）片

蔬菜片一般约2厘米见方，如"意大利蔬菜汤"里的蔬菜。

（3）随意的形状

小型叶菜做配菜时，往往只去掉叶柄即可。制作沙拉时，国外流行不用刀切生菜，而是用手随意撕成小片，因为刀切的生菜切口处易氧化变色，并有金属气味。

2. 根茎类蔬菜

在西餐中，根茎类蔬菜的加工最复杂，技术要求高，工作量也最大。按照西餐的

传统工艺，切割后的根茎类蔬菜主要有以下几种形状：

（1）粒

粒（brunoise）为四方形的小丁，主要用来装饰菜肴。

（2）丁

丁为立方体，可分为两种。一种较小一些（称为 jardiniere），约 1 厘米见方，如配菜中的蔬菜丁；另一种较大一些（称为 macédoine），约 1.5 厘米见方，如"什锦蔬菜沙拉"中的蔬菜丁。

（3）丝

丝较细，约 5 厘米长。蔬菜丝是 julienne vegetable，土豆丝是 straw potato，略粗一些的土豆丝是 matchstick potato。

（4）条

条指截面为正方形的长条。按照原料不同和条的粗细、长短不同，不同的蔬菜条有不同要求和术语。vegetable stick 是蔬菜条的总称，约 5 厘米长。French fry 是法式土豆条。

（5）片

片分薄片、厚片。西餐中传统的蔬菜片有以下几种：

1）potato chip，指切得很薄的炸薯片。

2）savory potato，指较厚的、用香草煎熟的土豆片。

3）soufflé potato，指先将土豆切成立方体后，再切成片的土豆片，它比薄土豆片要厚一些。要选择淀粉、水分含量多一些的土豆来加工，以便在深油炸时原料容易充分膨胀。

4）vegetable matignon，指小块的眼形蔬菜片。

（6）块

块主要有方块、滚料块。maxim potato 指土豆方块，mirepoix 指滚料块。

（7）腰鼓形土豆

腰鼓形土豆分大小两种。大的称为 fondante potato，即方墩土豆；小的称为 chateau potato，即粗橄榄形土豆，这种土豆加工难度较大，要求大小一致，表面光滑。

（8）橄榄形土豆

这种土豆与腰鼓形土豆的加工方法相似，其形状较小。胡萝卜等其他肉质较厚的蔬菜也可以加工成这种形状。

（9）坚果形土豆

这种形状较难加工，形如坚果的果实，近似圆形。

（10）球形土豆

球形土豆是用特殊的金属球刀在土豆上挖出的一个个小圆球，加工起来很方便，制品大小一致。

四、肉类原料的切割工艺

1. 肉片

需要切成肉片的肉类主要有里脊肉、外脊肉和米龙等。加工时要先去肥油，去骨，去筋，然后切成片。在西餐中，大片的肉类原料用量较多，一般为长 10 厘米、宽 6 厘米、厚 1 厘米的片，常使用直切或锯切的方法制成。如果肉质较老，可用肉锤轻拍，使其成形。

2. 肉丝

因为西餐进餐主要使用刀叉，所以肉丝不能切得太短、太细、太碎。肉丝一般长10 厘米，0.5 厘米见方，常使用推切、拉切等方法制成。

3. 肉丁

肉丁一般用不带筋、骨和肥油的瘦肉（如牛里脊肉、牛外脊肉等）加工而成，一般长宽高均为 2 厘米。

4. 肉扒

在西餐中，肉扒是主要的菜式之一。

（1）常用里脊肉扒的切割

加工时，将里脊肉或外脊肉去肥油、去筋，去掉不用的头尾，把肉放在砧板上切成 2~3.5 厘米长的肉块，将横断面朝上，用手按平，然后用肉锤拍成直径 1.2~1.5 厘米的饼形，再用刀将肉的四周收拢整齐即可。

（2）特殊牛扒的切割

将肥嫩的牛外脊肉去骨、去筋，用棉绳每隔 2 厘米捆一道。将捆好的牛肉放入温度为 180~220 ℃的烤箱中，根据顾客的要求烤至不同的成熟度，然后取出，滤去油、血水，去掉绳子，用推切法切割成 0.7~1 厘米厚的牛扒。

5. 肉排

排是指牛、羊或猪的脊背部分，各地叫法不同，有时脊背部分无骨的也统称为排。

（1）带骨牛排的切割

带骨牛排的切割方法是：从牛肋骨中选 7 根最长的肋骨，每根锯掉三分之二；然后去掉肥油，沿外侧用刀，将肉与脊骨分开；再用锯紧贴肋条从一端锯到另一端，使肋骨与外脊肉分开；接着，在肋骨的外侧三分之一处用剔刀剔去肋骨间的连接部分，使肋骨充分露出；最后剔净残肉，使其光滑整洁。

（2）羊排的切割

羊排即羊的脊背部分，俗称羊鞍。这部分是羊最好的部位，肉质很嫩。羊排也分为带骨的和不带骨的。

1）带骨羊排的切割。切割时，先将羊的前腿和后腿切下来，留下的中间部位即羊鞍；然后，用锯从羊脊骨的前端锯至最后一根肋骨，将其对半锯开；再取其一半去掉表面筋皮，从脊骨往下留 15 厘米长，其余部分去掉；接着从肋骨外侧三分之一处下刀，将剔骨刀插进肋骨间的连接部分，将其划开，使肋骨充分露出；最后剔净残肉，使其光滑整洁。加工好的羊排可整条烤制，或在两肋骨中间切开，逐块单独煎制。

2）不带骨羊排的切割。用剔骨刀紧贴羊脊骨左、右两侧下刀，将外脊肉与脊骨分开（注意不要损坏里脊肉）；沿羊腹部下刀，在纵向切 7 厘米处横向切断，去掉腰窝部分，长短以能包住羊外脊肉的三分之二为准；将加工好的整条羊排切成 2 厘米厚的墩状即可。

五、整理成形工艺

西餐中的整理成形工艺是指根据某些菜肴风味特点的要求，采取不同的手法，将原料加工成特定形状的过程。

1. 捆

捆即捆扎，即用食用线绳将原料捆扎整齐，以符合菜肴的特定要求。采用这种工艺的大多是整只的畜类、鱼类，或块大、质薄且形状不规则的肉类，或中间需要裹入馅料的大片肉类。捆扎主要是为了固定原料的原有形状，防止其烹制时受热变形，并使原料质地变得紧实，有时则是为了裹住馅料。

（1）烤牛排的捆扎工艺

1）在室温下把牛肉块（每块重量必须超过2千克）放置一段时间，去除牛的脂肪和筋。

2）用食用线绳打一绳结，然后将肉捆扎固定。

3）在肉的一端打上绳结。

4）将绳抽起，收紧肉块，每隔约5厘米重复打一绳结。

5）将绳穿到肉块的下面，在绳子每个纵横方向的交叉处打结以便将肉块捆扎实，然后将绳拉回第一个打结处捆扎实。

（2）鸡的捆扎工艺

1）将绳放于鸡身下面。

2）将绳两端交叉，将鸡腿捆扎实。

3）将绳穿过鸡腿，稍稍收紧。

4）将绳绕过鸡腿，将鸡翅压住。

5）将绳子两端绕到鸡背部，在后背的位置打结，将整只鸡捆扎实。

2. 卷

卷的基本方法是在片状原料上放置不同馅料，卷成不同形状的卷，大致分为顺卷和叠卷两种。卷的形状取决于馅料的形状。

顺卷是卷裹时沿一个方向卷起的方法。操作时，在加工成薄片的原料上面放上馅料，向左或向右卷动，将馅料卷裹严密，形成特定的形状，成品如"黄油鸡卷""鲜蘑猪排卷"等。

叠卷是将馅料放在片状原料上，先将其从左向右叠起，再由里向外卷起，制成枕头形状的卷的方法，成品如"白菜卷""法式牛肉卷""煎饼卷"等。

3. 填

填即填馅，是将原料掏去瓤成空壳状或者剔割成袋状，然后将馅料填入其中，再

进行加热烹制的一种方法。填壳成品如填馅青椒、填馅番茄、填馅西葫芦等，填袋成品如填馅鸡、填馅鸭等。

4. 穿

穿就是穿串，即将加工腌制好的块、片、段及小型整只原料，逐一穿在金属或竹木扦子上，使之成串的一种方法。穿串的要求是原料各面必须平整，便于均匀受热着色，并使成品美观。成品如羊肉串、里脊肉串、整条鱼串及整只鸡肉串等。

5. 裹皮

裹皮又称挂皮、沾皮，即原料进行加工处理或初步整形后，烹调前在其表面拍、拖、沾上一层粉类或糊类等原料的方法。它是某些成品的特定要求，也是西餐工艺中的一种传统方法。它的适用范围较为广泛，在煎制或炸制菜肴时，韧性原料大部分都要进行裹皮（部分蔬菜也需要裹皮）。裹皮对成品的色、香、味、形等各方面均有很大的影响。

裹皮时一般裹干面粉、蛋糊、面糊、奶油沙司、鲜面包糠和干面包粉等原料。

思考题

1. 西餐常用的刀法有哪些？
2. 西餐原料加工后的形状主要有哪些？
3. 简述光鸡的分档、剔骨出肉工艺。
4. 简述鱼三片和鱼五片的出肉工艺。
5. 肥鹅肝怎样进行初加工？
6. 简述肉类原料的切割工艺。

第六章

西餐配菜制作工艺

学习目标

1. 了解西餐配菜的分类和形式。
2. 掌握西餐配菜与主料搭配的原则。
3. 掌握西餐配菜的烹饪方法。
4. 了解西餐排盘装饰的形式和注意事项。

第一节　西餐配菜概述

　　配菜（garnish）是指在菜肴的主料烹制完毕后装盘时，在主料旁边或另一个盘内所配的一定比例经过加工处理的蔬菜或米饭、面食等。它与主料搭配后，组合成一份完整的菜肴。

一、配菜的分类

　　配菜的种类很多，一般有土豆类、蔬菜类和谷物类三类。

　　土豆类配菜是以土豆为主要原料制作而成的各种配菜制品。

　　蔬菜类配菜主要有胡萝卜、西芹、番茄、芦笋、菠菜、青椒、卷心菜、生菜、西蓝花、蘑菇、茄子、荷兰豆、黄瓜等。

　　谷物类配菜主要有各种米饭、通心粉、玉米、蛋黄面等。

二、配菜的作用

1. 丰富颜色，美化造型

　　蔬菜类配菜色彩艳丽且加工精细。谷物类配菜色彩庄重，和主料搭配相得益彰，

使菜肴整体比较美观。例如，黑胡椒牛排主料和沙司的色调单一，都呈褐色，配以金黄色的土豆条、橙色的胡萝卜条等，可使得菜肴整体色调显得和谐、悦目。

2. 合理搭配营养

菜肴的主料通常是动物性原料，配菜则一般是植物性原料。两者相互搭配，使菜肴既含有丰富的蛋白质、脂肪，又含有丰富的维生素和矿物质，营养全面，搭配合理。

3. 丰富菜肴风味

菜肴的主料通常是单一原料，但配菜的品种很多，使用配菜可丰富菜肴的风味。主料通常是动物性原料，口味比较厚重；配菜大都为植物性原料，口味比较清淡。两类原料的颜色、香气、口味、形状和质地等形成鲜明对比，从而使菜肴整体显得更加协调、完美。

西餐对主料应该配什么配菜通常都有一定的讲究。例如，煎鱼、煮鱼应配煮土豆，意式菜应配面条。

三、配菜的形式

配菜在使用上有很大的随意性，但一份完整的菜肴在风格和色调上要统一、协调。常用的普通配菜有以下三种形式：

一是以土豆和两种不同颜色的蔬菜为一组的配菜。例如，炸土豆条、煮豌豆可为一组配菜，烤土豆、炒菠菜可以为一组配菜。这样是最常见的一种形式，大部分煎、炸、烤的肉类菜肴都采用这种形式的配菜。

二是一种土豆制品单独使用的配菜。这种形式的配菜大都根据菜肴的风味特点进行搭配，如煮鱼配土豆、法式羊肉串配里昂土豆。

三是少量米饭或面食单独使用的配菜。各种米饭大都用于配带汁的菜肴，如咖喱鸡配黄油米饭；各种面食大都用于配意式菜肴，如意式烩牛肉配炒通心粉。

四、配菜的习惯

根据西餐烹饪的传统习惯，不同类型的菜肴要配以不同形式的配菜。一般是水产类菜肴配土豆泥或煮土豆。禽畜类菜肴中，采用煎、扒等方法烹制的菜肴一般配炸土豆条、炸方块土豆、炒土豆片、煎土豆饼等。畜类菜肴中白烩菜或红烩菜一般配煮土豆、土豆泥、雪花土豆或配面条、米饭。炸制菜肴一般配德式炒土豆、维也纳炒土豆。

黄油鸡卷可配炸土豆丝。烤制菜肴一般配烤土豆。有些特色菜肴的配菜是固定的，有些新式菜肴是不固定的。

五、配菜与主料的搭配原则

中餐菜肴的配料多与主料混合制作，而西餐菜肴的配菜与主料大多数是分开制作的。在西餐中，单独的主料不构成完整意义上的菜肴，需要通过配菜补充，使主料和配菜在色、香、味、形、质、养等方面相互配合、相互映衬，达到完美的效果。西餐配菜与主料的搭配应注意以下原则：

1. 注意颜色的搭配

配菜与主料的颜色应当和谐，遵循合理的配色原则。同时，菜肴的颜色既不宜过多也不宜过少，颜色单调会使菜肴看上去呆板，颜色过多则使菜肴看上去杂乱无章。

2. 注意数量的搭配

要突出主料数量，不要让主料有过多装饰，也不要装入大量土豆、蔬菜及谷物类食物，配菜数量永远要少于主料数量。

3. 突出主料的本味

用不同风味的配菜不仅可以弥补主料味道的不足，还可以起到解腻、帮助消化的作用。但是，配菜不可盖过主料的风味。例如，炸鱼可配一些柠檬片，煎鱼可配一些开胃的配菜。

4. 注意质地的搭配

配菜与主料的质地要恰当搭配。例如，土豆沙拉中可放一些嫩黄瓜丁或火腿丁，蔬菜汤中可放烤面包片，肉饼等质地较软的主料应以土豆泥为配菜。

5. 注意烹饪方法的搭配

配菜的烹饪方法要与主料相互搭配。

6. 配菜与主料的摆放位置应适宜

不要将配菜与主料混杂地堆在一起，而应该分别单独摆放，使菜肴整体比例协调，达到最佳的视觉效果。

第二节　西餐配菜烹调与排盘装饰

一、西餐配菜烹调方法

1. 沸煮

沸煮（boil）是西餐中使用较广泛的以水传热的烹饪方法。这种烹饪方法不仅能保持蔬菜原料的颜色，还能充分保留原料自身的鲜味及营养成分，使其具有清淡爽口的特点。

2. 油煎

油煎（pan-fry）时应选用色泽鲜艳、汁多脆嫩的蔬菜，使用少量的油，在煎锅里制成配菜，如煎土豆、煎芦笋、煎蘑菇等。但某些蔬菜如番茄、茄子有时需要调味、拍粉后再煎。

3. 焖煮

焖煮（braise）时应先将原料与油拌炒，再加入适量的基础汤，用小火熬煮制成配菜，如焖煮卷心菜、焖酸菜、焖红菜头等。

4. 烘烤

烘烤（bake）即把原料放入烤箱内烘焙至熟的方法。烘烤的蔬菜有自然的香甜味，且能保持其营养价值，但最好不影响其色泽。

5. 焗

焗即把加工处理好的原料直接放入烤箱或在原料上撒一些奶酪末或面包糠后放到焗炉内，将菜肴表面烤成金黄色的方法。

6. 炸

炸（deep-fry）是将原料放入煮沸的油中加热的方法。油炸制品成熟速度快，有明显的脂香味，具有良好的风味，如炸薯条等。

二、西餐排盘装饰

1. 西餐排盘装饰的特点

（1）主次分明，协调搭配

西餐菜肴在装盘时要注意菜肴中原料的主次关系，主料与配菜要层次分明、和谐统一，要以主料为中心，不能喧宾夺主。

（2）造型美观，精致高雅

西餐的排盘造型一般有平面几何造型和立体造型两种方法。平面几何造型主要利用点、线、面进行造型，是西餐最常用的排盘造型方法，目的是体现几何图形中的形式美，追求简洁、明快的风格。立体造型是西餐排盘装饰的一大特色，立体感强，可展现菜肴的空间美。

（3）强调动感

整齐划一、对称有序的排盘，会给人以秩序之感，是创造美的一种手法，但常常缺乏动感。西餐在排盘装饰时往往力图将美感与动感结合起来，使菜肴造型更加鲜活、美妙。此外，西餐在排盘装饰时往往使用天然的花草枝叶作为点缀物，并且遵循点到为止的装饰理念。

2. 西餐排盘装饰的形式

（1）传统形式是主料摆放在盘子前部，蔬菜类、谷物类配菜和装饰配菜摆放在盘子边缘。

（2）主料摆放在盘子中央，简单的沙司或装饰配菜摆在一边或主料上边。

（3）主料摆放在盘子中央，蔬菜类配菜按照图案精心地码在主料周围。

（4）主料摆在盘子中央，蔬菜类配菜随意地分布在周围，下面配沙司。

（5）谷物类或蔬菜类配菜摆放在盘子中央，片状主料斜放着靠在配菜上面，其他蔬菜、装饰物或沙司摆放在盘子四周。

（6）主料以及土豆类、蔬菜类、谷物类配菜和其他装饰配菜整齐地摆放在盘子中其他菜肴的上部，沙司或其余的装饰配菜可摆放在外围。

（7）蔬菜类配菜摆放在盘子中央，有时浇上沙司。主料加工成不同形状，如片状、小块等，摆放在蔬菜类配菜外围。

3. 西餐排盘装饰的注意事项

（1）配菜不可直接接触盘子边缘。要根据规格选择足够大的餐盘，这样配菜就不会接触盘子边缘或从盘子边缘滑出。有时可在盘子边缘撒一些辛香调味料或剁碎的芫荽，或用一点沙司点缀盘子的边缘，适量点缀可起到画龙点睛的作用。但如果过量，则会使菜肴的吸引力大打折扣。

（2）热菜应装热盘（即加热过的餐盘），以便保持菜肴的温度。冷菜应装冷盘（即未加热过的餐盘）。

（3）通常谷物类配菜摆放在主料的左上方，蔬菜类配菜摆放在主料的右上方。无论配菜摆放在什么位置，主料都要放在离就餐者最近的地方。

（4）西餐配菜的装饰相对比较简单，力求简洁。排盘时要恰当地组合排列，避免配菜过于精致、华丽。

（5）大盘装饰无须精致地准备。小盘排盘装饰的许多原则都适用于大盘，例如，要求整洁，颜色和形状协调、统一，保持每种食物的独立性。

（6）不要加不必要的装饰物。在许多场合，食物没有装饰物已经很漂亮了，加上装饰物反而会使盘中凌乱，破坏了餐盘的美观，同时也增加了成本。

（7）装饰物必须可食、无毒，与食物相得益彰，并应在整个餐盘的设计中通盘考虑，而不是随便堆在盘子上。

第三节 西餐配菜制作实例

一、土豆类配菜

1. 法式炸薯条（French fry）

法式炸薯条

◆ **原料** 净土豆 500 克，食盐 3 克。

◆ **制作方法**

（1）将土豆切成长 8 厘米、粗 0.8 厘米的条，放入油温为 130 ℃的油锅中，炸至

呈浅黄色后取出。

（2）上菜前，再将土豆条放入油温为150℃的油锅中，炸至呈金黄色后取出，沥干油后撒上食盐即可。

⬢ **质量标准**　成品色泽金黄，口感酥脆。

2. 奶酪焗土豆泥（baked mashed potato with cheese）

奶酪焗土豆泥

⬢ **原料**　土豆500克，奶油50克，鸡基础汤100克，蛋黄（一般指鸡蛋黄，下同）4个，食盐5克，胡椒粉（如非特别说明一般指黑胡椒粉，下同）2克，黄油20克，奶酪粉50克。

⬢ **制作方法**

（1）将土豆洗净煮熟。

（2）将土豆一切为二，用勺子挖去中间的土豆肉，边上留0.5厘米厚，制成土豆碗。

（3）将取出的土豆肉磨细过筛，与奶油、鸡基础汤、蛋黄、食盐、胡椒粉、黄油制成土豆泥。

（4）将土豆泥装入裱花袋，呈螺旋状挤在土豆碗上，再撒上奶酪粉。

（5）将制品放入200℃的烤箱中烤至呈金黄色即可。

⬢ **质量标准**　成品色泽金黄，外酥内软。

3. 公爵夫人式土豆（duchess potato）

公爵夫人式土豆

● **原料**　土豆 500 克，黄油 50 克，蛋黄 1 个，肉豆蔻粉适量。

● **制作方法**

（1）将土豆洗净削皮，切成块后放入盐水中煮熟。

（2）将土豆控干水分，碾成泥，加入黄油、蛋黄、肉豆蔻粉并搅拌均匀。

（3）在烤盘内刷一层油，将土豆泥放入裱花袋中，在烤盘上挤出螺旋状的玫瑰花形土豆泥。

（4）将制品放入 230~250 ℃的烤箱内，烤至上色即可。

● **质量标准**　成品色泽金黄，外酥内软。

4. 土豆泥（mashed potato）

● **原料**　净土豆 500 克，牛奶 150 克，黄油 25 克，食盐 3 克，胡椒粉 1 克。

● **制作方法**

（1）将土豆切成块，放入盐水中煮熟。将牛奶加热备用。

（2）将土豆控干水分，趁热碾成泥，逐渐加入热牛奶、黄油，搅拌均匀，直至成糊状，调以食盐、胡椒粉即可。

● **质量标准**　成品色泽洁白，口感细腻。

5. 土豆球（potato ball）

● **原料**　德国土豆粉 500 克，牛奶 200 克，食盐、胡椒粉、肉豆蔻粉、芫荽末适量。

❈ **制作方法**

（1）将牛奶加热至60 ℃左右，慢慢加入土豆粉，边加边搅拌，直至成稠糊状，再以食盐、胡椒粉、肉豆蔻粉调味。

（2）将稠糊制成直径5厘米大小的圆球。

（3）将圆球放入开水中，小火慢慢熬至土豆球浮起，捞出装盘后用芫荽末装饰即可。

❈ **质量标准**　成品色泽淡黄，口感软糯。

6. 炸气鼓土豆（potato puff）

❈ **原料**　土豆500克，食盐5克。

❈ **制作方法**

（1）将土豆加工成长方体，再切成约0.3厘米厚的长方形土豆片。

（2）将土豆片洗净，控干水分。

（3）将土豆片放入110~130 ℃的油锅中，炸至土豆片表面略微发胀时将其捞出。

（4）将土豆片立即放入150~160 ℃的油锅中，使其迅速膨胀、上色，捞出控油，撒食盐调味即可。

❈ **质量标准**　成品色泽淡黄，口感酥脆。

7. 黄油煎薯片（sauté potato）

❈ **原料**　土豆500克，黄油50克，食盐3克，胡椒粉1克，欧芹适量。

❈ **制作方法**

（1）将土豆去皮，切平两端，旋成直径5厘米的圆柱状，再切成0.3厘米厚的圆片。

（2）将切好的土豆片泡水洗净后，放入140 ℃的油锅中，炸成浅黄色备用。

（3）上菜前用黄油将土豆片炒至呈金黄色，加食盐、胡椒粉调味，撒上欧芹即可。

❈ **质量标准**　成品色泽金黄，口感酥脆。

8. 里昂土豆（lyonnaise potato）

❈ **原料**　土豆500克，洋葱丝120克，黄油50克，食盐3克，胡椒粉1克。

◆ **制作方法**

（1）将土豆煮至半熟，去皮后切成 0.5 厘米厚的片。将洋葱丝用适量黄油炒软。

（2）煎锅内放入剩余黄油，加热，倒入土豆片，煎至两面金黄，再加入炒好的洋葱丝，继续煎制。

（3）加食盐、胡椒粉调味即可。

◆ **质量标准**　成品色泽金黄，口感酥脆。

9. 法式奶油焗土豆（gratin dauphinois）

◆ **原料**　土豆 500 克，奶油 250 克，蒜泥 2 克，食盐 3 克，胡椒粉 1 克，肉豆蔻粉 1 克，奶酪 1 克。

◆ **制作方法**

（1）将土豆去皮洗净，切成薄片。

（2）将土豆片与奶油、蒜泥、肉豆蔻粉、食盐、胡椒粉搅拌均匀，放入锅中，加少许清水，煮约 5 分钟。

（3）将煮过的土豆片倒入烤盘中，放入 200 ℃的烤箱烤 30 分钟，表面撒上奶酪即可。

◆ **质量标准**　成品色泽淡黄，外酥内软。

10. 橄榄土豆（potato in the shape of an olive）

◆ **原料**　土豆 500 克，黄油 30 克，食盐 3 克，胡椒粉 2 克，欧芹适量。

◆ **制作方法**

（1）将土豆洗净后去皮，先切平两端，再纵向切成 2 块或 4 块。取其中一块，用小刀从顶端削至底端，削出平滑的弧面，再将土豆削成 3 厘米长的橄榄形。

（2）用盐水将土豆煮熟，捞出沥干水分待用。

（3）用黄油炒香土豆，加食盐、胡椒粉调味，撒上欧芹即可。

◆ **质量标准**　成品色泽淡黄，口感绵软。

11. 德式土豆（German potato）

◆ **原料**　土豆 500 克，洋葱块 150 克，培根 100 克，黄油 50 克，香叶 2 片，食盐、胡椒粉适量。

◈ **制作方法**

（1）将土豆去皮洗净后切成 0.5 厘米厚的片，放入锅中煮至成熟，沥干水分。

（2）用黄油将土豆片炒香，放入洋葱块、香叶炒香，再放入培根（切成小方片）炒熟。

（3）放入土豆片、食盐、胡椒粉，炒至土豆熟透即可。

◈ **质量标准** 成品色泽金黄，味香质软。

12. 原汁烤土豆（roasted potato with liquid）

◈ **原料** 土豆 500 克，烤肉原汁 100 克，食盐 10 克，胡椒粉 2 克。

◈ **制作方法**

（1）将土豆去皮洗净，切成 0.5 厘米厚的片，炸至呈金黄色。

（2）将烤肉原汁过滤，用食盐、胡椒粉调味。

（3）将土豆片铺入盘中，倒入原汁，放入 200 ℃的烤箱内烤 10 分钟即可。

◈ **质量标准** 成品色泽金黄，外酥内软。

13. 水手式土豆（a sailor's potato）

◈ **原料** 土豆 800 克，芥末 30 克，肉汤 1 千克，灌肠 200 克，洋葱块 80 克，食盐 5 克，胡椒粉 1 克。

◈ **制作方法**

（1）将土豆洗净，放入冷水中煮熟后去皮，切成小块。将灌肠切片待用。

（2）将洋葱块与芥末搅拌均匀后放入肉汤中煮制，加食盐、胡椒粉调好味，放入土豆块，用小火炖 15 分钟左右，再放入灌肠片稍煮即可。

◈ **质量标准** 成品色泽金黄，口感绵软。

二、蔬菜类配菜

1. 奶酪焗西蓝花（broccoli with mornay sauce）

◈ **原料** 西蓝花 200 克，胡椒粉 5 克，奶酪粉 30 克，食盐少许。

奶酪焗西蓝花

◆ **制作方法**

（1）将西蓝花掰成小块后，放入沸水中焯水（加食盐），然后捞出过凉。

（2）将西蓝花摆放在盘中，周围撒上胡椒粉和奶酪粉，放入 200 ℃的烤箱内，将奶酪烤黄即可。

◆ **质量标准**　成品色泽鲜艳，奶香浓郁。

2. 维希胡萝卜（Vichy carrot）

◆ **原料**　胡萝卜 500 克，牛基础汤 250 克，芫荽末 50 克，黄油 100 克，糖 25 克，食盐 3 克，胡椒粉 1 克。

维希胡萝卜

◆ **制作方法**

（1）将胡萝卜去皮，削成橄榄形。

（2）取汤锅，放入牛基础汤、胡萝卜、黄油、糖、食盐，煮沸后继续以中火煮 20 分钟，至胡萝卜软熟，汤汁收干。

（3）装盘，撒上芫荽末和胡椒粉即可。

◆ **质量标准**　成品色泽鲜艳，口感鲜嫩。

3. 煎番茄（fried tomato）

◆ **原料**　番茄 500 克，食盐 4 克，白胡椒粉 2 克，面粉 [1] 30 克，色拉油适量。

◆ **制作方法**

（1）将番茄去蒂洗净后切成 1 厘米厚的片，撒食盐和白胡椒粉调味后，均匀裹上面粉待用。

（2）在煎锅内放适量色拉油，烧至六成热左右，将番茄煎至两面上色即可。

◆ **质量标准**　成品色泽鲜艳，口感软糯。

4. 黄油菜花（cauliflower in butter）

◆ **原料**　菜花 500 克，黄油 50 克，食盐 5 克，鸡基础汤 300 克，干面包渣 50 克。

◆ **制作方法**

（1）将菜花掰成小块，洗净，放入沸水中焯至七分熟，捞出过凉。

（2）将平底锅放火上烧热，将面包渣倒入锅中，焙成浅棕色待用。

（3）锅中倒入鸡基础汤加热，倒入菜花，加食盐调味，让鸡汤充分渗入菜花中。

（4）将黄油加热后待用。将菜花捞出摆入盘中，浇上黄油立即上菜。

◆ **质量标准**　成品色泽鲜艳，口感鲜嫩。

5. 奶油烤鲜蘑（roasted mushroom with cream）

◆ **原料**　鲜蘑菇 500 克，黄油 60 克，奶汁沙司 80 克，奶油 50 克，奶酪粉 25 克，食盐 3 克，辣酱油 15 克。

1　注：如未特别说明，一般指普通中筋面粉，下同。

● **制作方法**

（1）将鲜蘑菇切成 0.2 厘米厚的片。

（2）在平底锅中放入适量黄油烧热，放鲜蘑菇片炒熟，加奶油、奶汁沙司、食盐、辣酱油炒匀。

（3）将制品装入烤盘，上面撒奶酪粉，淋上剩余的黄油，再放入 200 ℃的烤箱中，烤至上色即可。

● **质量标准**　成品色泽微黄，奶香浓郁。

6. 烩茄子（stewed eggplant）

● **原料**　茄子 500 克，培根 50 克，洋葱 50 克，香叶 2 片，鲜番茄 100 克，番茄沙司 50 克，黄油 20 克，鸡基础汤 100 克，食盐 3 克，辣酱油 15 克，胡椒粉 1 克。

● **制作方法**

（1）将茄子洗净去皮，切成 2.5 厘米见方的丁，再放入 170 ℃的油锅中炸至上色。将番茄去皮、去籽后切成丁。

（2）锅中加黄油烧热，放入培根、洋葱、香叶炒香后，再倒入番茄丁、番茄沙司炒至上色。加入鸡基础汤、茄丁，用小火烧入味。

（3）待茄子变软，用食盐、胡椒粉、辣酱油调味即可。

● **质量标准**　成品色泽鲜艳，口感软嫩。

7. 焖紫卷心菜（braised red cabbage）

● **原料**　紫卷心菜 300 克，洋葱丝 50 克，鸡基础汤 200 克，红酒醋 30 克，糖 10 克，食盐、胡椒粉、黄油适量。

● **制作方法**

（1）将紫卷心菜洗净，剥成片状，再切成丝。

（2）锅内放入黄油，将洋葱丝煸炒出香味，放入切好的紫卷心菜丝炒软，放入糖炒至溶化。

（3）倒入鸡基础汤，转小火焖 15 分钟，再倒入红酒醋焖 10 分钟。待汤汁收干时，加食盐和胡椒粉调味即可。

● **质量标准**　成品色泽鲜艳，口感软嫩。

8. 酸黄瓜（pickle 或 gherkin）

● **原料**　嫩黄瓜 500 克，洋葱丝、西芹段、胡萝卜片、蒜泥共 80 克，香叶 1 片，食盐、胡椒粉适量。

● **制作方法**

（1）将黄瓜洗净，切成 3 厘米长的段。

（2）将洋葱丝、西芹段、胡萝卜片、蒜泥、香叶、食盐、胡椒粉和黄瓜段搅拌均匀，加入开水至浸没黄瓜。

（3）将制品放入容器中，加盖密封，再放入冰箱里自然发酵，一周后便可食用。

● **质量标准**　成品色泽鲜艳，口味酸咸。

9. 波兰式芦笋（asparagus of Poland）

● **原料**　芦笋 200 克，鸡蛋 1 个，黄油 20 克，面包糠 60 克。

● **制作方法**

（1）将芦笋去掉老根及尾部老韧的纤维，放入盐水中煮熟，然后捞出过凉备用。

（2）将鸡蛋连壳煮熟，不要煮得太老。煮熟后捞出，用冷水浸一下，去壳切碎备用。将锅烧热，放入面包糠炒香。

（3）将芦笋摆入盘中，淋上熔化的黄油，撒上鸡蛋碎和炒好的面包糠即可。

● **质量标准**　成品色泽鲜艳，口感鲜嫩。

10. 普罗旺斯式焗番茄（tomato à la Provencal）

● **原料**　大番茄 250 克，蘑菇 350 克，大蒜 50 克，欧芹 25 克，面粉 50 克，食盐 3 克，胡椒粉 1 克，黄油、橄榄油适量。

● **制作方法**

（1）将蘑菇切片，将大蒜、欧芹切成末。

（2）煎锅内加黄油，烧热后放入蒜末炒香，再放入蘑菇片，加食盐、胡椒粉炒熟。

（3）将番茄洗净，对半切开后去籽，平放在烤盘内，上面放炒熟的蘑菇片，撒上面粉和欧芹末，淋上橄榄油，放入 200 ℃的烤箱中烤熟即可。

● **质量标准**　成品色泽鲜艳，口感鲜嫩。

11. 菠菜泥（mashed spinach）

● 原料 菠菜 500 克，奶油沙司 50 克，黄油 20 克，洋葱末 20 克，食盐 3 克，胡椒粉 1 克。

● 制作方法

（1）将菠菜去黄叶、根须，洗净后焯水，再挤去水分、剁碎。

（2）在平底锅内放入黄油，放入洋葱末炒香，再放入奶油沙司、菠菜碎，搅拌均匀后烧沸，以食盐、胡椒粉调味即可。

● 质量标准 成品色泽鲜艳，口感鲜嫩。

12. 面糊菜花（cauliflower fritter）

● 原料 菜花 500 克，面粉 100 克，鸡蛋 2 个，牛奶 50 克，食盐、色拉油适量。

● 制作方法

（1）将菜花洗净，掰成小朵，用盐水煮熟，然后控干水分。

（2）将鸡蛋蛋黄与蛋清分离。将适量面粉、蛋黄、牛奶、食盐放入碗中搅成糊，调入色拉油。

（3）将蛋清打成泡沫状，轻轻调入面糊中，混合均匀。

（4）将煮熟的菜花插上竹签，沾上面粉，再裹面糊。

（5）将制品放入 160 ℃的油锅中，炸至呈淡黄色时捞出。

● 质量标准 成品色泽鲜艳，外酥里嫩。

13. 培根焖芹菜（braised celery with bacon）

● 原料 西芹 100 克，培根 80 克，大蒜 5 克，洋葱 10 克，胡萝卜 10 克，干白葡萄酒 200 克，布朗基础汤 400 克，黄油 20 克，番茄酱 50 克，食盐 3 克，胡椒粉 1 克。

● 制作方法

（1）将西芹去筋，取其嫩茎部 5 厘米左右长的段，用线绳将西芹段两端捆好。

（2）将大蒜拍碎，将胡萝卜切成丁，将培根切成条。

（3）用黄油炒培根，加大蒜炒出香味，再加入洋葱及胡萝卜丁、番茄酱，炒至色红。

（4）加入西芹段、干白葡萄酒、布朗基础汤、食盐、胡椒粉。

（5）煮沸后加盖，放入 180 ℃的烤箱内烤 40 分钟后取出，将线绳解下。

（6）将西芹装盘，将剩下的汁浇在上面即可。

◉ **质量标准**　成品色泽鲜艳，口感软嫩。

14. 炒鲜蘑（sauté mushroom）

◉ **原料**　鲜蘑菇 120 克，黄油 20 克，食盐、胡椒粉少许。

◉ **制作方法**

（1）将鲜蘑菇择洗干净后切成片。

（2）在平底锅内放入黄油，加热后放入鲜蘑菇片，炒至呈浅黄色。

（3）放入适量的食盐、胡椒粉进行调味，再稍炒一会儿即可。

◉ **质量标准**　成品色泽鲜艳，口感软嫩。

15. 法式青豆（French pea）

◉ **原料**　青豆 200 克，黄油 50 克，牛基础汤 100 克，生菜 80 克，食盐 3 克，胡椒粉 1 克。

◉ **制作方法**

（1）将青豆、生菜洗净，控干水分。将生菜切成丝。

（2）炒锅内放入黄油，烧热后放青豆煸炒，然后加牛基础汤，用食盐、胡椒粉调味。

（3）煮熟后加入生菜丝，搅拌均匀即可。

◉ **质量标准**　成品色泽鲜艳，口感软嫩。

三、米饭类配菜

1. 黄油米饭（butter rice）

◉ **原料**　香米 100 克，黄油 25 克，洋葱碎 10 克，鸡基础汤 200 克，食盐 3 克，胡椒粉 1 克，百里香 1 克，香叶 1 片。

◉ **制作方法**

（1）将洋葱碎放入适量黄油中炒香，再加入洗净的香米炒匀。

（2）锅中倒入鸡基础汤煮沸，加食盐、胡椒粉、百里香、香叶调味，加盖焖煮25分钟。

（3）饭熟后取出香叶、百里香，加少量黄油搅拌均匀即可。

● **质量标准**　成品色泽洁白，口感软糯。

2. 西班牙海鲜饭（Spanish seafood pilaf）

● **原料**　大米100克，海鲜（如虾仁、墨鱼等）100克，灌肠片50克，藏红花0.1克，蔬菜（如蘑菇等）80克，洋葱末、蒜蓉共25克，鱼基础汤250克，白葡萄酒50克，番茄沙司70克，食盐3克，胡椒粉1克，橄榄油适量。

● **制作方法**

（1）将蔬菜洗净，放入沸水中焯一下，然后捞出，沥干水分。

（2）煎锅中加橄榄油，放入洋葱末、蒜蓉炒香，放入海鲜、灌肠片继续煸炒，加入白葡萄酒、藏红花翻炒，再倒入大米和鱼基础汤，放入焯好的蔬菜，加番茄沙司、食盐、胡椒粉调好味。

（3）盖上锅盖，将制品放入180℃的烤箱中烤30分钟即可。

● **质量标准**　成品色泽鲜艳，口味咸鲜。

3. 意大利蘑菇饭（mushroom risotto）

● **原料**　意大利米200克，洋葱末10克，白蘑菇片50克，白葡萄酒30克，蔬菜基础汤200克，食盐3克，胡椒粉1克，橄榄油适量。

● **制作方法**

（1）锅中加橄榄油烧热，放入洋葱末炒香，再放入白蘑菇片稍炒一下，加入米继续煸炒一会儿。

（2）倒入白葡萄酒，炒至酒汁收浓，再加入蔬菜基础汤，直至米达到七分熟，以食盐、胡椒粉调味。

● **质量标准**　成品色泽洁白，口味咸鲜。

4. 番茄饭（tomato rice）

● **原料**　番茄200克，番茄酱25克，大米250克，棕色基础汤500克，黄油200克，食盐3克，胡椒粉1克。

◆ **制作方法**

（1）将番茄洗净后切成小块，放入沙司锅内，加适量黄油及胡椒粉、食盐、番茄酱拌炒，然后用中火煮约 5 分钟，至汁液稍稠而滑时，过滤得到番茄汁备用。

（2）将番茄汁倒入汤锅，加适量棕色基础汤煮沸。将大米淘净后倒入汤锅，用小火煮焖约 20 分钟至饭软熟。

（3）将番茄饭装盘，淋上适量熔化的黄油即可。

◆ **质量标准**　成品色泽鲜艳，口味鲜香。

5. 意大利鸡肝味饭（Italian chicken liver risotto）

◆ **原料**　鸡肝 500 克，大米 500 克，洋葱 100 克，黄油 100 克，奶酪粉 50 克，鸡基础汤 1 千克，食盐 3 克。

◆ **制作方法**

（1）将大米淘洗后放入锅中，加入 800 克鸡基础汤，煮至八分熟。

（2）将洋葱切碎，将鸡肝切成块。平底锅内加适量黄油烧热后，将洋葱碎煸香，放入鸡肝炒熟，加食盐调味。

（3）将洋葱碎、鸡肝全部放入煮锅中，与米饭拌和，再加入剩余的鸡基础汤和黄油，用小火焖至米饭软熟，上菜前撒上奶酪粉即可。

◆ **质量标准**　成品色泽鲜艳，口味鲜香。

6. 东方式炒饭（rice à la oriental）

◆ **原料**　大米 500 克，碎花生米 50 克，鸡蛋 1 个，炸洋葱丁 25 克，黄油 100 克，食盐 3 克，炸葡萄干 25 克。

◆ **制作方法**

（1）将大米淘洗干净，加食盐蒸熟，晾凉。将鸡蛋煮熟、剥壳后切成丁。

（2）用黄油将米饭炒透。

（3）放入碎花生米、炸洋葱丁、鸡蛋丁、炸葡萄干，搅拌均匀即可。

◆ **质量标准**　成品色泽洁白，口感多样。

7. 奶酪烩饭（risotto）

◆ **原料**　大米 500 克，黄油 50 克，洋葱 50 克，鸡基础汤 1 千克，奶酪粉 100 克，食盐 3 克，胡椒粉 1 克。

● **制作方法**

（1）将黄油放锅中熔化，将洋葱切碎后放入锅中炒软，再倒入大米稍炒。

（2）倒入鸡基础汤，加盖后焖 20 分钟。

（3）加食盐、胡椒粉调味，撒上奶酪粉搅拌均匀，加盖再加热两分钟左右即可。

● **质量标准**　成品色泽洁白，口味鲜香。

8. 意大利蔬菜饭（Italian fried rice with vegetable）

● **原料**　意大利米 500 克，节瓜 250 克，番茄 80 克，胡萝卜 50 克，洋葱碎 30 克，奶酪片 20 克，黄油 100 克，鸡基础汤 1 千克，芫荽末、食盐、胡椒粉少许。

● **制作方法**

（1）将米淘净，沥去水分。将番茄、胡萝卜、节瓜等蔬菜切成细粒。

（2）煎锅内放入适量黄油，将洋葱碎炒香，倒入米稍炒，再加入蔬菜粒，拌炒均匀后，倒入鸡基础汤，加食盐、胡椒粉调味。

（3）用大火煮沸后，改小火焖至汤汁收干，再拌入适量黄油后装盘，撒上奶酪片和芫荽末即可。

● **质量标准**　成品色泽洁白，口味鲜香。

9. 海鲜锅巴饭（crispy rice with seafood）

● **原料**　意大利米饭 500 克，蒜片 40 克，洋葱片 50 克，红甜椒片 30 克，红萝卜片 50 克，白菜片 200 克，四季豆 100 克，虾 150 克，扇贝 100 克，蟹肉、鱼肉、鱿鱼共 100 克，食盐 3 克，胡椒粉 1 克。

● **制作方法**

（1）将煮熟的意大利米饭捏成扁圆形，放入油锅炸成锅巴饭。

（2）将蒜片、洋葱片、红甜椒片下锅炒香，放入加工处理好的海鲜，再放入红萝卜片与白菜片煮熟。

（3）加食盐、胡椒粉调味，最后放入四季豆煮熟，将煮好的各类荤素食材铺放在锅巴饭上即可。

● **质量标准**　成品色泽鲜艳，口感酥香。

10. 三文鱼醋饭（vinegar rice with salmon）

● 原料　米饭 500 克，白醋 150 克，糖 80 克，三文鱼 150 克，黄瓜片 50 克，蛋皮丝 30 克，紫菜丝 10 克，红萝卜 20 克，虾 150 克，鱿鱼片 120 克，三文鱼子 120 克，洋葱丝 50 克，豉油 15 克，芥末 3 克，姜片适量。

● 制作方法

（1）将白醋和糖混合后加热，煮至糖溶化，晾凉后拌入米饭中。

（2）将三文鱼以豉油、洋葱丝腌制数小时后切片。

（3）将虾和鱿鱼片煮熟，将黄瓜片、蛋皮丝、紫菜丝、红萝卜铺放在白醋糖饭上，最后放三文鱼子及姜片，拌芥末即可。

● 质量标准　成品色泽洁白，口味多样。

11. 西班牙海鲜面（Spanish seafood pasta）

● 原料　意大利面条 150 克，各种海鲜（如虾仁、墨鱼等）100 克，藏红花 0.1 克，各色橄榄 25 克，鱼基础汤 200 克，白葡萄酒 25 克，蒜蓉、洋葱末、食盐、胡椒粉适量，香叶 1 片，橄榄油适量。

● 制作方法

（1）用开水将意大利面条煮至柔软。

（2）煎锅中放入橄榄油，将蒜蓉、洋葱末炒香，再放各种海鲜炒香。

（3）加白葡萄酒稍煮一下，再加入鱼基础汤、意大利面条、橄榄、藏红花、香叶，以食盐、胡椒粉调味，烧至汁水浓缩一半即可。

● 质量标准　成品色泽鲜艳，口味鲜浓。

12. 茄汁意大利面（spaghetti with tomato juice）

● 原料　意大利面条 500 克，番茄沙司 50 克，茴香碎 0.5 克，红辣椒碎 50 克，洋葱碎 10 克，西芹碎 10 克，食盐、胡椒粉、橄榄油适量。

● 制作方法

（1）将意大利面条放入开水中煮熟。

（2）锅中放入橄榄油，下入洋葱碎、西芹碎、红辣椒碎炒香，加入番茄沙司和煮好的面条，最后加食盐、胡椒粉、茴香碎调味即可。

◆ **质量标准**　成品色泽鲜艳，口味咸鲜。

13. 蔬菜千层面（vegetable lasagna）

◆ **原料**　牛肉酱 220 克，面皮 3 张，奶油汁、番茄汁、奶酪粉、罗勒适量。

◆ **制作方法**

（1）取大盘一个，倒上适量番茄汁，铺上一张面皮后放一层牛肉酱，盖上第二张面皮后再放一层牛肉酱，最后盖第三张面皮并淋上适量番茄汁。

（2）将制品放入 220 ℃的烤箱，烤至里面熟透后取出。

（3）在其上面浇上奶油汁，撒一层奶酪粉，再放入焗炉焗至呈金黄色，用罗勒装饰即可。

◆ **质量标准**　成品色泽金黄，口味咸鲜。

思考题

1. 什么是配菜？配菜的作用有哪些？
2. 常用的普通配菜有哪些形式？
3. 配菜与主料的搭配原则有哪些？
4. 配菜有哪些烹饪方法？
5. 西餐排盘装饰的特点有哪些？

第七章
西餐沙司制作工艺

学习目标

1. 掌握沙司制作的关键步骤及注意事项。
2. 掌握常见母沙司及其衍生沙司的制作方法。

第一节　沙司概述

　　沙司（sauce）又称少司，通常指厨师专门制作的菜肴调味汁。许多烹饪原料在烹调过程中都会产生一些汁液，这是菜肴的原汁，不能算作沙司。在西餐厨房里，沙司通常由专业沙司厨师制作。沙司厨师不但精通沙司制作，也通晓菜肴的制作。经验丰富的厨师经过专门培训后才能胜任沙司厨师的工作，在西餐厨房里，沙司厨师地位十分重要。沙司与菜肴分开制作，也是西餐烹调的一大特点。

一、沙司的组成

1. 冷菜沙司

　　西餐冷菜沙司往往由用植物油、白醋、食盐、胡椒粉、辣酱油、番茄酱、辣椒汁等制作的调味汁，以及用它们制作的各式沙拉酱组成。

2. 点心沙司

　　用于制作点心的沙司往往由白糖、黄油、奶油、牛奶、巧克力、水果、蛋黄等制作而成。

3. 热菜沙司

　　西餐热菜沙司一般由基础汤及牛奶、黄油等原料，以及稠化剂和调味料组成。

（1）基础汤

基础汤也称底汤或原汤，除了直接用于制作开胃汤之外，主要用于西餐沙司的制作。在制作过程中，不同原料要与相应的基础汤相配，例如，牛肉菜肴要配牛基础汤，鸡肉菜肴要配鸡基础汤，鱼类菜肴要配鱼基础汤。

在制作沙司的过程中，还会根据不同的沙司种类使用牛奶、黄油等辅助原料，形成沙司的特色。

（2）稠化剂

稠化剂通常以面粉、玉米粉、土豆粉等加油脂或水配制而成。在沙司尤其是热菜沙司制作过程中，由于受热，稠化剂中的淀粉发生糊化作用，使基础汤或牛奶、黄油等变稠，从而使沙司达到一定的稠度，形成良好的质感。

1）油面酱（roux）。油面酱又称油炒面粉，用料有面粉、黄油、色拉油等，但以黄油炒制的为佳。面粉与油脂可按3种比例制作：一是面粉与黄油的比例为1∶1，成品适用于西式快餐；二是面粉与黄油的比例为1∶0.8，成品适于制作中高档的开胃汤和比较浓稠的沙司；三是面粉与黄油的比例为1∶0.5，成品适于制作普通沙司。油面酱具体分为以下三种：

①白色油面酱（white roux）。其黄油与面粉的比例为1∶1，烹调时间较短（1~2分钟）。当酱产生小泡时，马上离火。品种如牛奶白沙司（bechamel sauce）。

②黄色油面酱（blond roux）。其黄油与面粉的比例为1∶1，烹调时间稍长（2~3分钟），加热至面粉松散，呈浅黄色即可。品种如基本白沙司（veloute sauce）。

③褐色油面酱（brown roux）。其黄油与面粉的比例为4∶5，烹调时间较长（4~5分钟），加热至面粉松散，呈浅棕色即可。品种如褐色沙司（brown sauce），即布朗沙司。

制作时，将面粉过筛，将黄油放入厚底沙司锅烧熔，加入面粉拌匀，再改小火，用木铲不停地翻炒面粉1~5分钟，至炒好的油面酱不粘铲子，呈松散、滑溜状。在制作过程中，应注意酱升温不宜太高。制作浅色沙司或开胃汤时（如奶油沙司、奶油汤等），面粉的颜色应炒得浅一些；制作深色沙司或开胃汤时，面粉的颜色应炒得深一些。

2）黄油面粉糊。黄油面粉糊由等量的黄油和面粉搅拌而成，常用于制作沙司或开胃汤的最后阶段。当发现沙司或开胃汤的稠度不够理想时，可以使用少量黄油面粉糊临时急用，增加稠度和光泽。

二、沙司的作用

1. 确定和丰富菜肴的口味

这是沙司最主要的作用。在制作沙司时需要加一定量的调味料和各种基础汤等，这些呈味物质添加在菜肴上，对确定和丰富菜肴的口味、增进顾客的食欲有着积极的作用。

2. 丰富菜肴的色泽和形态

各种沙司都有一定的色泽和不同的形态，沙司里部分原料的色、形本身也具有装饰和点缀作用。各种形、色的固体沙司，美化作用更加明显。厨师常常利用沙司的色泽、形状丰富菜肴的色泽和形态。

3. 保持菜肴温度，改善菜肴口感

沙司大多具有一定的黏稠度，可以黏附在菜肴上面，这在一定程度上可以保持菜肴的温度，防止菜肴风干。不少菜肴在制作时会流失部分水分，而沙司里有一定量的水分，可以补充菜肴的水分，改善菜肴的口感。

4. 增加菜肴的营养

制作沙司的基础汤主要使用鸡肉、鸡骨、牛肉、牛骨以及鱼、虾、蟹等原料，这些原料含有极为丰富的营养物质，对于增加菜肴的营养有着非常重要的作用。

三、沙司制作的关键步骤及注意事项

1. 关键步骤

（1）浓缩（condense），即以小火长时间浓缩沙司，使其味道浓郁，稠度增加，更富有光泽。

（2）去渣（deglaze），即以清汤或烹调用酒将粘于锅底的原料溶解，使沙司更有风味。

（3）过滤（filter），调制出的沙司经过过滤后，才能实现质地细腻的效果。

（4）调味（season），细心、准确的调味能够增加沙司的风味。

2. 注意事项

（1）严格按照配料表制作沙司，不要随意添加配料和调味料。

（2）制作过程中要及时以木匙或打蛋器搅拌，以免煳底。如已经煳底，则必须换锅制作。

（3）沙司制作结束时，可以加入一些奶油、黄油，增加沙司的光泽。

（4）热菜沙司要及时保温，防止结皮。冷菜沙司要及时冷藏。

第二节 沙司制作实例

传统西餐中的沙司包括若干种基本的母沙司（mother sauce），以及将原料创新改变制成的衍生沙司（small sauce）。

一、冷沙司

1. 马乃司沙司及衍生沙司

（1）马乃司沙司（mayonnaise sauce）

马乃司沙司又称蛋黄酱、沙拉酱、万里汁、色拉油沙司，是西餐中最基础的冷沙司，用途极为广泛。

● 原料 蛋黄2个，色拉油500克，芥末20克，柠檬汁60克，食盐15克，白醋10毫升，胡椒粉适量。

● 制作方法

1）将蛋黄打入盆中，加入食盐、胡椒粉、芥末搅拌均匀，然后徐徐淋入色拉油并用蛋抽不停搅打，使蛋黄与色拉油融为一体。

2）随着搅打，制品色泽慢慢变浅，黏度开始变高，搅打也比较费力，这时可以加入一些白醋，使其质感变稀，颜色变白，然后可继续添加色拉油并搅打。

3）重复这一过程直到将油加完，再拌入柠檬汁即可。

● **质量标准**　成品呈浅黄色或乳白色，有光泽，黏稠，味清香，有适口的酸、咸味，口感绵软细腻。

马乃司沙司存放时要加盖，防止因其表面水分挥发而脱油。存放时注意避免强烈的震动，以防止脱油。取用的时候应用无油的干净器具，否则会脱油。一般应存放在5~10 ℃的室温下或0~6 ℃的冷藏箱里，温度过高或过低都会引起脱油。

（2）衍生沙司

1）鞑靼沙司（tartar sauce）。将煮熟的鸡蛋、酸黄瓜切成小丁，将欧芹切成末，和马乃司沙司拌和在一起即可。

鞑靼沙司

2）千岛汁（thousand island dressing）。将煮熟的鸡蛋、酸黄瓜、青椒切碎，加入马乃司沙司、番茄沙司、白兰地、柠檬汁、食盐、胡椒粉，搅拌均匀即可。

3）法国汁（French dressing）。将白醋、法国芥末、色拉油、清汤、洋葱末、蒜末、柠檬汁、嗯汁、食盐、胡椒粉搅拌在一起，逐渐加入马乃司沙司中，搅拌均匀即可。

4）鱼子酱沙司（bagration sauce）。将黑鱼子酱放在马乃司沙司内，搅拌均匀

即可。

5）绿色沙司（green sauce）。将菠菜泥、欧芹末、他拉根香草与马乃司沙司搅拌均匀即可。

6）莫利沙司（remoulade sauce）。将酸黄瓜丁、水瓜榴、他拉根香草和马乃司沙司搅拌均匀即可。

2. 油醋沙司（worcestershire sauce）及衍生沙司

（1）油醋沙司

● **原料**　色拉油 200 克，白醋 50 克，洋葱末 70 克，食盐 10 克，胡椒粉、杂香草适量。

● **制作方法**　将以上所有原料混合并搅拌均匀即可。

（2）衍生沙司

1）渔夫沙司（fisherman's sauce）。将熟蟹肉切碎后放入油醋沙司里，搅拌均匀即可。

2）挪威沙司（Norway sauce）。将熟蛋黄和鲤鱼肉切碎，放入油醋沙司里，搅拌均匀即可。

3）酸辣沙司（ravigote sauce）。将酸黄瓜、水瓜榴切碎，放入油醋沙司里，搅拌均匀即可。

3. 特别沙司（special cold sauce）

（1）坎伯兰沙司（cumberland sauce）

● **原料**　红加仑果酱 500 克，橙皮 5 克，柠檬皮 5 克，橙汁 10 克，柠檬汁 100 克，波尔图酒 150 克，英国芥末、红椒粉、食盐适量。

● **制作方法**　将橙皮、柠檬皮切成丝后用清水煮沸，捞出晾凉，和其他原料混合并搅拌均匀即可。

（2）辣根沙司（horseradish sauce）

● **原料**　辣根 200 克，奶油 100 克，柠檬汁 50 克，食盐、红椒粉适量。

● **制作方法**　将辣根擦成细蓉，将奶油打至膨大疏松，再与其余的原料混合均匀即可。

（3）薄荷沙司（mint sauce）

● 原料　薄荷叶 50 克，白醋 400 克，白开水 400 克，糖 80 克。

● 制作方法　将薄荷叶剁碎，与其他原料混合，煮透后晾凉即可。

4. 意大利沙司（Italian dressing）

● 原料　色拉油 500 克，芥末 50 克，洋葱末 50 克，大蒜碎 20 克，酸黄瓜 30 克，黑橄榄 30 克，欧芹 10 克，红酒醋 50 克，红葡萄酒 50 克，柠檬汁 20 克，黑胡椒 10 克，嗡汁 10 克，食盐、糖、他拉根香草、罗勒适量。

● 制作方法　将酸黄瓜、黑橄榄切成末，将黑胡椒碾碎。将除红酒醋和色拉油以外的所有原料混合并搅拌均匀后逐渐加入色拉油，边加边搅拌，直到将油加完，最后加入红酒醋并搅拌均匀即可。

5. 奶酪汁（cheese dressing）

● 原料　马乃司沙司 20 克，蓝奶酪 50 克，洋葱末 50 克，大蒜碎 50 克，清水 50 克，酸奶 50 克，白醋 20 克。

● 制作方法　将蓝奶酪用搅拌机打碎，加入马乃司沙司里，然后逐渐加入其余原料，搅拌均匀即可。

二、热沙司

1. 布朗沙司及衍生沙司

（1）布朗沙司

布朗沙司

◆ **原料** 布朗基础汤 10 千克，洋葱、胡萝卜、西芹各 1 千克，黄油 50 克，番茄酱 500 克，红葡萄酒 50 克，雪利酒 50 克，黄油炒面 50 克，食盐 15 克，百里香 3 克，黑胡椒粒 1 克，香叶数片，唉汁、胡椒粉适量。

◆ **制作方法**

1）将洋葱、胡萝卜、西芹洗净、切碎，用黄油炒香，加入番茄酱炒至呈暗红色。

2）加入布朗基础汤、百里香、香叶、黑胡椒粒，用小火煮 1~2 小时。

3）加入红葡萄酒、雪利酒、食盐、胡椒粉、唉汁调味，并用黄油炒面调浓度，最后过滤即可。

◆ **质量标准** 成品呈棕褐色，近似于流体，口味浓香。

（2）烧汁（gravy）

在布朗沙司内加入烤成褐色的小牛骨、鸡骨、牛腱子等，用文火熬煮，至成为浓稠的汁时过滤即可。烧汁常用于烧烤类菜肴的调味。

（3）罗伯特沙司（Robert sauce）

将酸黄瓜、火腿切成丝，将蘑菇切成片。用黄油将洋葱末炒香，加入酸黄瓜丝、火腿丝、蘑菇片，倒入布朗沙司稍煮。放入芥末、柠檬汁，最后用奶油调浓度，用食盐、胡椒粉调味即可。这种沙司常用于猪肉类菜肴的调味。

（4）魔鬼沙司（deviled sauce）

将冬葱末和杂香草用红葡萄酒煮透，再倒入布朗沙司和烤肉原汁煮透，调入食盐、胡椒粉，最后用奶油调浓度即可。这种沙司常用于烤羊排以及扒、煎制鱼类菜肴。

（5）红酒沙司（red wine sauce）

用黄油将冬葱末炒香，加入红葡萄酒，再加入布朗沙司、他拉根香草，煮香，撒上欧芹末即可。这种沙司经常用于煎小牛扒。

（6）猎户沙司（chasseur sauce）

用黄油将洋葱末炒香，加入蘑菇片炒透，控油，加入白葡萄酒，煮至汁液浓缩到一半时，加入番茄丁、布朗沙司，改小火，煮至微沸，最后加入欧芹末、他拉根香草，再用食盐、胡椒粉调味即可。这种沙司主要用于牛扒、小牛扒以及烩制的牛肉、羊肉、鸡肉等菜肴。

（7）马德拉沙司（Madeira sauce）

在沙司锅里倒入马德拉酒，稍煮，加入布朗沙司，煮透，用食盐、胡椒粉调味，过滤，稍微晾凉后，调入黄油即可。这种沙司一般用于牛扒、牛舌等的调味。

（8）鲜橙沙司（orange sauce）

用沙司锅将白糖炒成棕红色，加入布朗沙司，再加入柠檬皮末、橙皮、橙汁、橘子酒、白糖、杜松子酒，煮至适当浓度后过滤即可。这种沙司常用于配烤鸭。

（9）花旗沙司（American sauce）

将洋葱、胡萝卜、培根切成小片，将西芹切成丁，将杂香草用纱布包起来，将洋葱片、胡萝卜片、培根片、西芹丁用黄油炒透。放入去皮、去籽、切成丁的鲜番茄炒透，将番茄酱用黄油炒出红油，加入蘑菇片略炒。将以上原料倒入布朗沙司内，放入杂香草包，以小火煮 40 分钟，然后过滤，用食盐、胡椒粉、柠檬汁调味即可。这种沙司适用于海鲜、烩鱼等。

（10）黑胡椒沙司（black pepper sauce）

将洋葱碎、大蒜碎用黄油炒香，加入黑胡椒碎、红葡萄酒，以小火煮至汁液浓缩到原来的 1/4 左右，加入布朗沙司，煮透，用食盐、胡椒粉调味即可，不用过滤。这种沙司主要用于牛扒。

（11）里昂沙司（lyonnaise sauce）

用黄油将洋葱丝以小火炒香、炒软，加入红葡萄酒或白醋，加热至汁液充分浓缩，加入布朗沙司，煮透，用食盐、胡椒粉调味即可。里昂沙司又称布朗洋葱沙司，多用于小牛扒、煎牛肝、鹅肝等。

2. 白沙司（white sauce）及衍生沙司

（1）白沙司

白沙司

◆ **原料** 黄油炒面 500 克，白色基础汤 2500 克（如白色牛基础汤、白色鸡基础汤、白色鱼基础汤），香叶 5 片。

◆ **制作方法** 将白色基础汤用小火加热，徐徐加入黄油炒面，用蛋抽不停搅拌。当黄油炒面和白色基础汤融为一体时，放入香叶煮透，再过滤即可。

◆ **质量标准** 成品色泽洁白，细腻有光泽，呈半流体状。

（2）蘑菇沙司（mushroom sauce）

在白沙司里加入蘑菇片，微煮后离火，加入蛋黄和奶油，搅拌均匀即可。这种沙司一般用于烩鸡、烩鱼等。

（3）酸豆沙司（sour bean sauce）

在白沙司内加入水瓜榴，煮透即可。这种沙司主要用于煮羊腿。

（4）龙虾油沙司（lobster cream sauce）

将龙虾壳、切碎的洋葱、胡萝卜、西芹、香叶、迷迭香叶、清黄油放入烤箱烤至上色，然后加少量水和白兰地，再烤 30 分钟，取出过滤即得到虾油。在用鱼基础汤制作的白沙司里调入虾油、奶油，煮透即可。

（5）莳萝奶油沙司（dill cream sauce）

在用鱼基础汤制作的白沙司里加入莳萝、白葡萄酒、奶油，煮透即可。这种沙司常用于烩海鲜类菜肴。

（6）鲜虾沙司（prawn sauce）

在用鱼基础汤制作的白沙司里加入碎虾、白葡萄酒、奶油，煮透即可。这种沙司常用于煎比目鱼。

（7）他拉根沙司（tarragon sauce）

将他拉根香草放在白葡萄酒里煮软，然后放入用白色鸡基础汤制成的白沙司里，调入奶油，煮透即可。这种沙司主要用于煮鸡等。

（8）顶级沙司（super sauce）

在白沙司里加入切碎的蘑菇丁，煮透后离火过滤，慢慢加入奶油、蛋黄、柠檬汁，搅拌均匀即可。这种沙司主要用于煮鸡、烩鸡等菜肴。

（9）曙光沙司（aurora sauce）

在顶级沙司的基础上再加入番茄汁，使其有轻微的番茄味即可。这种沙司一般用于煮鸡、煮鸡蛋。

3. 荷兰沙司（hollandaise sauce）及衍生沙司

（1）荷兰沙司

● **原料**　新鲜蛋黄 10 个，清黄油 2 千克，白葡萄酒 200 克，香叶 3 片，黑胡椒粒 1 克，冬葱末 100 克，红酒醋 60 克，柠檬半个，食盐、胡椒粉、喼汁适量。

● **制作方法**

1）将冬葱末、柠檬、黑胡椒粒、红酒醋等放入沙司锅里熬成浓汁后过滤备用。

2）将沙司锅放在 50~60 ℃的热水内，将新鲜蛋黄放入沙司锅里，加少量白葡萄酒，用蛋抽慢慢搅打，再淋上适量温热的清黄油并不停搅打，逐渐加入剩余的白葡萄酒、清黄油，使之融为一体。

3）调入适量的食盐、胡椒粉、喼汁以及之前制好的浓汁，搅拌均匀后置于温热处保存即可。

● **质量标准**　成品呈浅黄色、膏状，口感细腻，味清香，微咸酸。

（2）班尼士沙司（béarnaise sauce）

用白酒醋或白葡萄酒将他拉根香草煮软，倒入荷兰沙司并撒上欧芹末，搅拌均匀即可。这种沙司一般用于烤制、扒制的肉类或鱼类菜肴。

（3）疏朗沙司（choron sauce）

在班尼士沙司内加入番茄汁和红椒粉，搅拌均匀即可。这种沙司通常用于焗类菜肴。

（4）马尔太沙司（maltaise sauce）

在荷兰沙司里加入橙汁、橙皮丝，搅拌均匀即可。这种沙司最好配芦笋食用。

（5）莫士林沙司（moussline sauce）

在荷兰沙司里加入奶油并搅拌均匀即可。这种沙司一般用于焗类菜肴。

（6）牛排沙司（foyot sauce）

在班尼士沙司内加入少许烧肉汁，搅拌均匀即可。这种沙司多用于配牛扒类菜肴。

（7）拉维纪香草沙司（lovage sauce）

用雪利酒煮洋葱末、香叶、拉维纪香草，煮沸后闷 15 分钟，取出香叶，放入荷

兰沙司、食盐、奶油、胡椒粉，调匀即可。这种沙司适用于海鲜类菜肴。

（8）柠檬沙司（lemon sauce）

将柠檬剖开挤出汁，连皮肉带汁放入白兰地中，加入洋葱末、蘑菇末，煮沸后闷15分钟左右，取出柠檬，加入荷兰沙司、食盐、鲜奶油，调匀即可。这种沙司一般用于煮鱼等水产类菜肴，也适用于西蓝花、朝鲜蓟等蔬菜。

（9）波特沙司（port sauce）

用钵酒将百里香、香叶、洋葱末煮透，取出香叶，将欧芹剁成末，加入荷兰沙司、食盐、鲜奶油、胡椒粉，混合均匀即可。这种沙司适用于牛排等菜肴。

4. 番茄沙司（tomato sauce）及衍生沙司

（1）番茄沙司

番茄沙司

● **原料**　番茄5千克，番茄酱2千克，洋葱末2千克，蒜末500克，糖300克，植物油500克，面粉500克，罗勒3克，百里香5克，香叶3片，食盐、胡椒粉适量。

● **制作方法**

1）将番茄洗净，用开水烫一下去皮、去蒂、去籽后切碎。

2）将洋葱末、蒜末用植物油炒香，加入番茄酱炒出红色，再下面粉炒透，加碎番茄搅拌均匀，再加热、搅拌。

3）加入百里香、罗勒、香叶、食盐、糖、胡椒粉，用微火煮半个小时即可。

（2）普罗旺斯沙司（Provence sauce）

用白葡萄酒将冬葱末、蒜末煮透，加入番茄沙司后煮沸，再撒上欧芹末、橄榄丁、蘑菇丁，搅拌均匀即可。

（3）杂香草沙司（Provencale sauce）

用黄油将洋葱末、蒜末炒香，然后放入番茄酱、杂香草略炒，烹入少量红葡萄酒，再加入番茄沙司，最后加一些烧肉汁即可。

（4）西班牙沙司（Spanish sauce）

用黄油将洋葱、青椒和大蒜略炒，然后放入鲜蘑菇继续炒，再加入番茄沙司，以小火煮透，用食盐、胡椒粉、嗯汁调味即可。

（5）葡萄牙沙司（Portuguese sauce）

将洋葱丁用黄油炒香，加番茄丁、蒜末，用小火加热至原料体积缩小到原来的三分之一时，加番茄沙司，继续加热几分钟，用食盐、胡椒粉、嗯汁调味，撒上芫荽末即可。

（6）科瑞奥沙司（Creole sauce）

在番茄沙司内加入洋葱丁、西芹丁、青椒丁、蒜末、香叶、百里香、柠檬汁，煮15分钟，用食盐、辣椒粉调味即可。

5. 咖喱沙司及衍生沙司

（1）咖喱沙司（curry sauce）

● 原料　咖喱粉 350 克，咖喱酱 500 克，姜黄粉 100 克，什锦水果（包括香蕉、苹果、菠萝）600 克，鸡基础汤 6 千克，洋葱 100 克，大蒜 70 克，生姜 120 克，青椒 100 克，土豆 200 克，植物油 100 克，辣椒 30 克，香叶 5 片，丁香 1 克，椰奶 200 克，食盐适量。

● 制作方法

1）将洋葱、青椒切成块，将大蒜、生姜拍碎，将土豆去皮后切成片。

2）用油将洋葱、大蒜、生姜炒香，放入咖喱粉、咖喱酱、姜黄粉、辣椒、香叶、丁香炒香，再加入土豆、青椒、水果略炒，加鸡基础汤，用微火煮 1~2 小时。

3）当蔬菜、水果较烂时，捞出用粉碎机打烂，加食盐、椰奶，煮沸后过滤即可。如果浓度不够，可以加适量的黄油炒面调浓度。

◆ **质量标准** 成品呈黄绿色、半流体状，细腻、浓香、辛辣、微咸，果味浓郁。

（2）奶油咖喱沙司（curry cream sauce）

在咖喱沙司内加入约占其体积三分之一的鲜奶油，用小火煮透即可。这种沙司常用来配煎鱼。

6. 黄油沙司（butter sauce）

黄油沙司是指以黄油为主料制作的沙司，主要用于特定的菜肴，大多数为固体，是配热菜用的。常见的黄油沙司有以下几种：

（1）巴黎黄油（cafe de Paris butter）

巴黎黄油又称香草黄油（spice butter），主要用于焗、烤、扒制的菜肴。

◆ **原料** 黄油 1 千克，法国芥末 20 克，冬葱末 125 克，洋葱末 50 克，水瓜榴 20 克，牛膝草 5 克，莳萝 5 克，他拉根香草 10 克，银鱼柳 8 条，蒜末 30 克，白兰地 50 毫升，马德拉酒 50 毫升，嗑汁 5 克，红椒粉 5 克，柠檬皮 5 克，橙皮 5 克，橙汁 5 克，蛋黄 4 个，食盐、胡椒粉适量。

◆ **制作方法**

1）将适量黄油软化后打成奶油状。

2）用黄油将冬葱末、洋葱末、蒜末炒至香软。加入除蛋黄之外的其他原料略炒，晾凉，放入打好的黄油，加蛋黄，搅拌均匀，用油纸卷成卷或者放入裱花袋挤成花形，放入冰箱冷藏即可。

（2）蜗牛黄油（snail butter）

蜗牛黄油一般用于焗蜗牛。

◆ **原料** 黄油 1500 克，欧芹 100 克，冬葱末 150 克，洋葱末 50 克，蒜末 100 克，银鱼柳 25 克，他拉根香草 15 克，牛膝草 5 克，白兰地 50 毫升，红椒粉 10 克，水瓜榴 25 克，柠檬汁 50 克，咖喱粉 10 克，食盐 15 克，嗑汁、胡椒粉适量。

◆ **制作方法**

1）将黄油软化后打成奶油状。

2）用黄油将冬葱末、洋葱末、蒜末炒至香软。加入除蛋黄之外的其他原料略炒，晾凉，放入打好的黄油，加蛋黄，搅拌均匀，用油纸卷成卷或者放入裱花袋挤成花形，再放入冰箱冷藏即可。

（3）柠檬黄油（lemon butter）

柠檬黄油可配牛扒，再放一些莳萝可配煎制海鲜。

● **原料** 黄油1千克，柠檬汁50毫升，芫荽末5克，唔汁10毫升，食盐、胡椒粉适量。

● **制作方法** 将黄油软化后打成奶油状，加入柠檬汁、唔汁、食盐、胡椒粉、芫荽末，搅拌均匀即可。

（4）文也沙司（meuniere sauce）

文也沙司多用于海鲜类菜肴。

● **原料** 黄油1千克，水瓜榴10克，炸面包丁10克，芫荽5克，柠檬肉丁10克，白葡萄酒50毫升，柠檬汁50克，食盐、唔汁、胡椒粉适量。

● **制作方法** 将白葡萄酒、柠檬汁、唔汁放在沙司锅里加热，再放黄油，不停搅拌至黏稠上劲，最后放入其他原料即可。

（5）缇鱼黄油沙司（anchovy sauce）

缇鱼黄油沙司用于煎制、扒制的鱼类菜肴。

● **原料** 黄油50克，缇鱼柳25克，食盐、胡椒粉适量。

● **制作方法** 将黄油软化，将缇鱼柳切碎后与黄油混合，加入食盐、胡椒粉调味，用油纸卷成卷，放入冰箱冷藏即可。

（6）芫荽黄油沙司（coriander sauce）

芫荽黄油沙司常用于扒制的肉类菜肴。

● **原料** 黄油100克，芫荽末10克，柠檬汁、食盐、胡椒粉适量。

● **制作方法** 将黄油软化后打成奶油状，加入柠檬汁、食盐、胡椒粉、芫荽末，搅拌均匀，用油纸卷成卷，放入冰箱冷藏即可。

7. 蔬菜水果沙司（vegetable and fruit sauce）

蔬菜水果沙司是现代人为了追求健康、时尚，提倡素食而慢慢流行的一类沙司，它以蔬菜、水果为主要原料，用搅拌机打成汁状制成，主要配各种蔬菜类菜肴，也有配肉禽类菜肴的。

（1）红椒沙司（paprika sauce）

红椒沙司主要配蔬菜类菜肴。

◆ **原料** 红柿子椒 500 克，红椒粉 5 克，奶油 50 克，黄油 10 克，干白葡萄酒 20 克，柠檬汁 10 克，食盐 10 克，杂香草 2 克。

◆ **制作方法** 将红柿子椒放在扒板上扒至外皮较软，然后剥去外皮。将去皮的红柿子椒及其他所有原料放入搅拌机里，搅打成浓汁即可。

◆ **质量标准** 成品色泽红艳，口味鲜香，咸酸微辣。

（2）葡萄沙司（grape sauce）

葡萄沙司常用于配煎鹅肝。

◆ **原料** 鲜葡萄 500 克，苹果 50 克，冬葱 50 克，烧汁 200 克，干红葡萄酒 250 克，糖 20 克，食盐 10 克，黄油 50 克。

◆ **制作方法** 将葡萄去皮、去籽，用葡萄酒腌 12 小时，再用搅拌机搅打成浓汁。将冬葱及苹果都切成小丁，用黄油炒香，再加入葡萄汁及烧汁，调入糖、食盐，煮成浓汁，过滤即可。

◆ **质量标准** 成品色泽深红，香味浓郁。

思考题

1. 什么是沙司？沙司有哪些作用？

2. 制作沙司一般需要什么原料？

3. 简述布朗沙司、奶油沙司、番茄沙司、荷兰沙司、马乃司沙司的制作方法。

4. 布朗沙司、奶油沙司、番茄沙司、荷兰沙司、马乃司沙司分别可以衍变出哪些沙司？试各举 2 例。

第八章
西餐基础汤和汤菜制作工艺

学习目标

1. 了解基础汤和汤菜的分类。
2. 掌握常见基础汤的制作方法。
3. 掌握常见汤菜的制作方法。

第一节　基础汤制作工艺

西餐中制作各种汤菜、沙司、热菜一般都离不开用牛肉、鸡肉、鱼肉等调制的汤，这种汤被称为基础汤（stock），又称原汤、汤底或底汤。

一、基础汤概述

常用的基础汤是指用动物性原料、蔬菜、香料和水，经较长的时间慢慢熬制而成的汤。它的使用范围十分广泛，主要用于汤菜、部分基础沙司及部分热菜的制作。它的质量对这些菜肴和沙司的质量起决定性的作用。另外，还有一些特定的基础汤，如蔬菜基础汤（vegetable stock）、虾基础汤等。

在西餐中，菜肴与基础汤有大致固定的搭配。制作某一类菜肴会使用相应原料的基础汤，或者根据菜肴的颜色决定采用何种颜色的基础汤。

二、基础汤的种类和特点

基础汤按颜色不同可分为白色基础汤（white stock）和棕色基础汤（brown stock）。白色基础汤又称怀特基础汤；棕色基础汤也称红色基础汤或布朗基础汤，主要用于制作畜禽类菜肴、肉汁等。

基础汤按原料不同可分为牛基础汤（beef stock）、鸡基础汤（chicken stock）、

鱼基础汤（fish stock）、羊基础汤等多种基础汤。基础汤中，牛基础汤、鸡基础汤和鱼基础汤的使用范围最广。

1. 牛基础汤

牛基础汤以牛肉、牛骨为原料煮制而成，又分为白色牛基础汤和棕色牛基础汤。

（1）白色牛基础汤

白色牛基础汤由牛骨、小牛骨或牛肉配以蔬菜、香料和调味料，加冷水后用大火烧沸，转小火炖制而成，主要用于白色汤、白沙司的制作。其特点是清澈透明，汤鲜味醇，香味浓郁，无浮沫。

制作时，牛骨与水的比例为 1∶3。如果用于高档宴会，牛骨与水的比例可以是1∶2。这一比例不宜太低，否则汤就会失去鲜味，从而影响菜肴的质量。煮制时间为6~8 小时，过滤后即可。

（2）棕色牛基础汤

棕色牛基础汤使用的原料与白色牛基础汤的原料基本相同，只是先将牛骨和蔬菜、香料烤成棕色，然后加上适量的番茄酱或剁碎的番茄调色。其特点是颜色为浅棕色微带红色，浓香鲜美，略带酸味。制作时，牛骨与水的比例为 1∶3，煮 6~8 小时后过滤即可。

2. 鸡基础汤

鸡基础汤由鸡骨、蔬菜、调味料制成，其特点是微黄、清澈、鲜香。其制作方法与白色基础汤相同，鸡骨与水的比例为 1∶3，需炖制 2~4 小时。制作鸡基础汤时可放一些鲜蘑菇，替代胡萝卜，使鸡基础汤的色泽更加完美并增加鲜味。

3. 鱼基础汤

鱼基础汤由鱼骨、鱼边角料或碎肉（或有壳的海鲜）、调味蔬菜等熬煮而成。它的特点是无色，有鱼肉的鲜味。其制作方法与白色基础汤相同，制作时间约 1 小时。

制作鱼基础汤时，可以加入适量的白葡萄酒（或柠檬汁）和鲜蘑菇，能去其腥味，增加鲜味。

4. 蔬菜基础汤

蔬菜基础汤又称清菜汤，是未使用动物性食品原料熬制而成的基础汤，有白色蔬菜基础汤和红色蔬菜基础汤之分。

三、基础汤制作方法

1. 白色牛基础汤

（1）原料

牛骨、小牛肉碎料共 5 千克，水 12 升，洋葱 600 克，芹菜 300 克，百里香 3 克，欧芹 5 克，香叶 1 片，丁香 1 克，白胡椒粒 3 克。

（2）制作方法

1）将洋葱去皮洗净，切成块。将芹菜去掉叶和根部，洗净，切成段。

2）将牛骨、小牛肉碎料剁碎，洗干净，放入汤锅内，加入适量冷水，用大火煮开。

3）将水全部倒掉，重新加入水、各种香料和蔬菜，用大火煮开，再改小火煮 4 小时，用勺子随时撇去汤表面的浮沫。

4）撇去表面的浮油，过滤即可。

（3）质量标准

成品呈白色，汤液清澈，肉香浓郁。

（4）制作要点

1）煮时不要给汤锅加盖子。

2）如果没有小牛肉碎料可用牛肉碎料代替。

2. 棕色牛基础汤

（1）原料

碎牛骨 8 千克，猪肥膘 100 克，水 15 升，洋葱 200 克，芹菜 100 克，胡萝卜 100 克，番茄酱 500 克，猪皮 100 克，食盐 15 克。

（2）制作方法

1）将碎牛骨、猪肥膘放入烤盘，再放入 190 ℃的烤箱烤制，当碎牛骨呈褐色时将其取出。

2）将洋葱、胡萝卜去皮洗净，切成块。将芹菜去掉叶和根部，洗净，切成段。将上述蔬菜覆盖在碎牛骨上，再加入番茄酱，烤 30 分钟左右，直至呈褐色。

3）烤好后，将制品放入汤锅，加入水、猪皮和食盐，用大火煮开，再改小火煮 5~6 小时。

4）煮好后，撇去表面的浮油，过滤即可。

（3）质量标准

成品呈褐色，有浓郁的肉和蔬菜的混合香味。

（4）制作要点

1）牛骨有脊骨和棒骨之分，一般使用棒骨。

2）如果没有猪皮或猪肥膘可用猪其他部位的肥肉代替。

3. 鸡基础汤

（1）原料

鸡骨 6 千克，水 18 升，洋葱 500 克，芹菜 200 克，百里香 3 克，欧芹 5 克，香叶 1 片，丁香 2 克，白胡椒粒 3 克。

（2）制作方法

1）将洋葱去皮洗净，切成块。将芹菜去掉叶和根部，洗净，切成段。洗净鸡骨，将鸡骨放入汤锅中，加入 6 升冷水，煮开，然后将水倒掉。

2）倒入 12 升冷水，放入所有蔬菜和香料，用大火煮开，再改小火煮 4 小时。

3）煮的过程中随时撇去鸡汤表面的浮沫。

4）煮好后过滤，晾凉即可。

（3）质量标准

成品呈白色，有浓郁的鸡肉和蔬菜的混合香味。

（4）制作要点

洗鸡骨时，要去掉残留的肺和血。

4. 鱼基础汤

（1）原料

鱼骨 6 千克，水 10 升，洋葱 100 克，芹菜 50 克，大蒜 5 克，白蘑菇 100 克，香叶 2 片，丁香 2 克，黄油 80 克，白葡萄酒 500 毫升，食盐 15 克。

（2）制作方法

1）将鱼骨剁碎。将洋葱去皮洗净，切成块。将芹菜去掉叶和根部，洗净，切成段。

2）将汤锅加热，用黄油炒香洋葱块、芹菜段、白蘑菇、大蒜，然后放入鱼骨、水、香叶、丁香、食盐、白葡萄酒。用大火煮开后，改小火煮 30 分钟，随时撇去鱼汤表面的浮沫。

3）煮好后过滤，晾凉即可。

（3）质量标准

成品呈白色，有浓郁的鱼和蔬菜的混合香味。

（4）制作要点

1）要选用白色的鱼骨。

2）煮的时间不宜过长。

5. 蔬菜基础汤

（1）原料

猪肥膘 150 克，洋葱 300 克，扁叶葱 300 克，芹菜 150 克，卷心菜 150 克，番茄 100 克，茴香头 100 克，大蒜 10 克，香叶 1 片，丁香 1 克，水 12 升，食盐 15 克。

（2）制作方法

1）将洋葱去皮洗净，切成块。将芹菜、扁叶葱去掉叶和根部后洗净，切成段。将卷心菜去掉老叶和根部后洗净，切成粗条。将茴香头、番茄洗净后切成块。

2）将猪肥膘与洋葱块和扁叶葱段同炒，炒出香味，再加其他蔬菜继续炒，至猪肥膘呈透明状。加入水、食盐、大蒜、香叶、丁香，煮 4 小时。

3）煮好后过滤，晾凉即可。

（3）质量标准

成品呈白色，有蔬菜和香草的混合香味。

（4）制作要点

1）可用培根代替猪肥膘。

2）煮的时间不宜过长。

四、高汤的制作

将基础汤进行浓缩，便可得到高汤，好的高汤可以使菜肴口感更加丰富。以下主

要介绍牛肉高汤的制作方法，参照此法可以制作鱼肉高汤、鸡肉高汤、猪肉高汤、火腿高汤、白色小羊骨高汤和各种野味高汤等。

1. 原料

牛基础汤 500 克，洋葱碎 60 克，胡萝卜片 30 克，芹菜段 30 克，鸡蛋 2 个，瘦牛肉末 300 克，香叶 1 片。

2. 制作方法

（1）将牛肉末、洋葱碎、胡萝卜片、芹菜段与蛋清搅拌均匀，充分混合。

（2）在汤锅中倒入牛基础汤，将上一步拌好的原料倒入汤中。慢慢加热，放入香叶，不断搅动。

（3）当牛肉和鸡蛋的混合物渐渐凝固并上浮至汤的表面时，转小火保持炖的状态，使其不断吸附汤中的悬浮颗粒。

（4）撇去表面的浮沫，将汤过滤一遍。注意在撇去汤表面浮沫之前，要向汤中加入少量冷水，使汤不再沸腾，并使更多的脂肪和杂质浮上汤面。

（5）汤冷却后若不立即使用，可将汤放入密闭的容器中进行冷藏。

3. 特点

汤汁清澈透明，香味浓郁，滋味醇厚，胶质丰富。

一、汤菜概述

在欧美人的饮食习惯中，汤通常是一道菜，所以汤菜也就是常说的汤。汤菜以基础汤为主要原料，配以海鲜、肉类或蔬菜等，经过调味，盛装在汤盅或汤盘内。由于汤菜以基础汤为主要原料，所以，汤菜的质量依赖于基础汤的质量。

1. 汤菜的分类

汤菜可分为清汤（clear soup）、浓汤（thick soup）、特殊风味汤（special soup）三大类。西餐汤菜风味别致，花色多样，欧美各国都有其著名的代表性汤菜，如法国的洋葱汤、意大利的蔬菜汤、俄罗斯的罗宋汤、美国的奶油海鲜巧达汤等。

2. 汤菜的作用

汤菜既可作为西餐中的开胃菜、辅助菜，又可作为主菜。在西餐中，汤菜扮演着重要角色。汤菜大都含有丰富的鲜味物质和有机酸等，有刺激胃液分泌、增加食欲的作用。

由于汤菜富有营养，易于消化和吸收，所以它经常出现在欧美人日常食谱上。当代饮食潮流的一大趋势是简单、清淡和富有营养，所以汤菜更加受到欧美人的青睐。

西餐常常在汤面上放一些小料加以补充和装饰。常用的小料有炸面包丁、蛋羹丁、蔬菜丝、蔬菜丁、奶酪、无味饼干（如苏打饼干）、欧芹碎（或番茄碎）、咸猪肉片（或炒香的培根切片）等。小料可以提升汤菜的整体效果，往往会起到画龙点睛的作用，达到意想不到的效果。

二、汤菜制作实例

1. 清汤

清汤是指清澈透明的汤菜。通常，它以白色牛基础汤、棕色牛基础汤等为原料，经过调味，配上适量的蔬菜和熟肉制成，清澈、透明、味道鲜美。清汤又可分为以下三种：

一是原汤清汤（broth），由基础汤直接制成，通常不过滤。

二是浓味清汤（bouillon），将基础汤过滤并调味后制成。

三是特制清汤（consomme），将基础汤进行特别加工制成。通常将牛肉丁与鸡蛋清、胡萝卜块、香料和冰块进行搅拌，然后放入牛基础汤中，再用小火炖 2~3 小时，使牛肉味道进一步融入汤中，并使汤中的漂浮小颗粒粘连在鸡蛋和牛肉上。最后将汤过滤，使汤变得格外清澈、香醇。这种汤适用于扒房（高级西餐厅）。

（1）鸡清汤（chicken consomme）

鸡清汤

● **原料** 牛基础汤 1 千克，鸡肉 1 千克，胡萝卜 40 克，西芹 50 克，洋葱 75 克，食盐 6 克，鸡蛋 4 个，白胡椒粉 1 克。

◆ **制作方法**

1）将鸡肉剁成泥，将胡萝卜和西芹切成末，将洋葱切成厚片，将蛋黄与蛋清分离。

2）将鸡肉泥、蛋清、胡萝卜末和西芹末搅拌均匀，将洋葱片煎成褐色，再一起放入基础汤中煮2小时，煮至汤清澈透明。

3）将汤过滤后加食盐、白胡椒粉调味，盛入汤盘即可。

◆ **质量标准**　成品色泽浅褐，味美鲜香。

（2）菜丝清汤（vegetable consomme）

菜丝清汤

◆ **原料**　牛基础汤1千克，胡萝卜40克，白萝卜50克，芹菜50克，卷心菜50克，食盐6克。

◆ **制作方法**

1）将各种蔬菜原料切成丝，用沸水烫一下，再用冷水冲凉，控干水分。

2）将烫好的蔬菜丝放入基础汤内，开火煮透，再加食盐调味即可。

◆ **质量标准**　成品色泽浅褐，清澈透明。

2. 浓汤

浓汤是不透明的液体，主要以基础汤配上奶油、油面酱（用油煸炒的面粉）制成。浓汤又可分为以下四种：

（1）奶油蘑菇汤（cream of mushroom soup）

奶油蘑菇汤

● **原料** 黄油 340 克，洋葱末 340 克，面粉 250 克，鲜口蘑片 680 克，白色基础汤 1.5 升，奶油 750 克，食盐、白胡椒粉适量。

● **制作方法**

1）将黄油放入厚底调味汁锅中加热，用小火使其熔化。放入洋葱末和口蘑片（留少许），用小火煸炒片刻，使其出味，注意不要使其变成棕色。

2）将面粉放入调味汁锅中，与洋葱末和口蘑片混合在一起，煸炒数分钟，再用小火炒至呈浅黄色。

3）将白色基础汤（留少许）缓缓倒入炒面粉中，并不停搅拌，使基础汤和面粉完全融合。

4）将汤煮沸，使汤变稠，但不要将洋葱末和口蘑片煮过火。撇去浮沫。

5）将汤放入料理机搅打后过滤，再加热，使其保持一定的温度，但是不要将其煮沸，用食盐和白胡椒粉调味。

6）上菜前，将奶油放在汤中，搅拌均匀。

7）用基础汤将预留的口蘑片略煎熟后放在汤中，作为装饰品。

（2）奶油胡萝卜泥汤（puree of carrot soup）

奶油胡萝卜泥汤

● **原料**　黄油 110 克，胡萝卜丁 1800 克，洋葱丁 450 克，土豆丁 500 克，鸡基础汤或白色牛基础汤 5 千克，食盐、胡椒粉少许。

● **制作方法**

1）将黄油放入厚底调味汁锅中，用小火加热，使其熔化。

2）加入胡萝卜丁和洋葱丁，以小火煸炒至半熟，不要使其变色。

3）将基础汤倒入盛有胡萝卜丁和洋葱丁的调味汁锅中，放入土豆丁，并将汤煮沸，煮至胡萝卜丁和土豆丁成熟软烂，注意不要使其变色。

4）将汤和胡萝卜丁、土豆丁一起倒入粉碎机中打成泥，再放回锅中，用小火炖。如果汤太浓，可以再放一些基础汤稀释。

5）放入食盐和胡椒粉调味。

6）根据顾客口味，上菜前可放一些热浓牛奶。

（3）土豆蓉汤（potato puree soup）

土豆蓉汤

● 原料 白色基础汤 1200 毫升，土豆 500 克，洋葱 50 克，青蒜 50 克，黄油 25 克，香草末、芫荽末、烤面包丁、食盐、胡椒粉适量。

● 制作方法

1）将洋葱、青蒜切成细丝。将土豆去皮、洗净，切成片。

2）用黄油炒洋葱丝、青蒜丝，加盖焖至软。

3）放入基础汤、土豆片和香草末，以小火煮至微沸，将土豆煮烂。

4）将汤汁过滤。将土豆过细筛后压成泥，放入过滤后的汤汁内。

5）将汤继续煮至所需的浓度，用食盐、胡椒粉调味。

6）上菜时撒上芫荽末和烤面包丁即可。

（4）南瓜浓汤（pumpkin soup）

南瓜浓汤

● 原料 南瓜 1 千克，洋葱 100 克，面粉 50 克，精盐、炸面包丁适量，牛奶 500 克，黄油 100 克，牛肉清汤 3 千克。

● 制作方法

1）将南瓜去皮、去籽，取 750 克切成丁，其余的切成块，再分别加水，用中火煮熟后捞出。

2）将南瓜块的水分滤去，然后用搅拌机打成泥，再用筛子筛去粗质，制成南瓜酱。

3）将洋葱切碎，用少许黄油炒黄。

4）将面粉用适量黄油炒熟后，加少量牛奶、清汤，搅拌均匀，煮透后滤清。

5）在大汤锅内加入牛肉清汤并煮沸，加入南瓜丁、南瓜酱，用中火煮沸，加盐调味。

6）出锅前放入炸面包丁，装入汤盘即可。

3. 特殊风味汤

西餐中的特殊风味汤是指根据欧美各国饮食习惯和烹调特点制作的具有鲜明地域特色和特定风味的汤。特殊风味汤最大的特点是制作方法或原料比一般的汤更具有代表性和特殊性，如俄罗斯罗宋汤、法国洋葱汤、意大利蔬菜汤、西班牙凉菜汤（gazpacho）及秋葵浓汤（gumbo）等。

（1）罗宋汤

罗宋汤

● 原料　卷心菜 450 克，胡萝卜 300 克，土豆 300 克，番茄 250 克，洋葱 150克，西芹 250 克，牛肉 250 克，红菜头 300 克，番茄酱 200 克，胡椒粉、糖适量，奶油 100 克，面粉 50 克，黄油 50 克，食盐 6 克。

● 制作方法

1）将牛肉洗净，切成小块，放入盛有冷水的汤锅中。开大火煮沸后改为小火，撇去浮沫，焖 3 小时。

2）将土豆、胡萝卜、番茄去皮，将卷心菜切成片，将土豆切成滚刀块，将胡萝卜切成片，将番茄切成小块，将洋葱切成丝，将西芹切成丁，将红菜头切成片。

3）取一口大的炒锅，烧热后放入黄油、奶油，二者烧热后先放入土豆块，煸炒

至外层熟软，再放其他蔬菜，加入番茄酱，再将上述原料倒入牛肉汤中，用小火熬制。

4）将炒锅洗净，擦干，开小火将锅烤干后，将面粉放入锅内，反复炒至面粉发热、颜色微黄，趁热放入汤里，用大汤勺搅拌均匀，再熬 20 分钟左右。放食盐、胡椒粉和糖调好味即可。

（2）洋葱汤

洋葱汤

⬢ **原料**　黄洋葱 500 克，黄油 50 克，牛肉高汤 1 千克，百里香 5 克，食盐 6 克，胡椒粉 1 克。

⬢ **制作方法**

1）将洋葱切成小片。

2）取 5 厘米深的平底不粘炒锅，用大火烧热，放入黄油，熔化后加入洋葱片，炒到洋葱变透明后转中火，然后每 5 分钟搅拌一下。

3）待洋葱呈现红糖的颜色时撒一点食盐调味，注意不要加太多，以免其变咸。每两三分钟翻一翻，必要时转中小火。

4）继续加热 1~1.5 小时，直至洋葱近似琥珀色，味甜，无苦味。

5）将牛肉高汤烧沸，加入熬好的洋葱、百里香以及适量胡椒粉和食盐，再煮至少半小时，装盘即可。

（3）农夫蔬菜汤（peasant soup）

农夫蔬菜汤

◈ **原料**　牛基础汤 1 升，土豆 300 克，洋葱 50 克，大白菜 75 克，嫩扁豆 50 克，胡萝卜 50 克，芹菜 30 克，卷心菜 50 克，番茄 50 克，培根 50 克，面包 4 小片，奶酪 30 克，食盐、胡椒粉、黄油适量。

◈ **制作方法**

1）将土豆、洋葱、大白菜、嫩扁豆、胡萝卜、芹菜、卷心菜、番茄、培根均切成小丁。

2）用黄油略炒上述原料，然后加入少量牛基础汤，焖 20 分钟左右直至成熟。

3）倒入剩余的牛基础汤，煮开，放食盐、胡椒粉调味。

4）将奶酪切成丝，撒在面包片上，将面包片放入烤箱内烤黄。将汤盛于汤盘内，上菜时搭配烤好的面包片即可。

4. 其他常见汤菜

（1）华盛顿浓汤（Washington puree soup）

◈ **原料**　洋葱四分之一个，香菇 10 克，鸡胸肉 50 克，青椒、红萝卜、玉米粒、鲜奶、甜红椒少许，白浓汤、食盐、味精适量。

◈ **制作方法**

1）将甜红椒、鸡胸肉、青椒、洋葱、红萝卜、香菇切成丁。

2）将以上原料及玉米粒置于备好的白浓汤内，加少许鲜奶、食盐和味精。

3）将煮沸的浓汤盛入汤盘即可。

（2）通心粉蔬菜汤（Italian macaroni and vegetable soup）

● **原料**　鸡清汤1.5千克，土豆150克，青豆100克，番茄50克，洋葱50克，芹菜100克，蒜末25克，培根50克，卷心菜50克，胡萝卜50克，通心粉50克，黄油100克，食盐6克，胡椒粉2克，奶酪粉50克，鼠尾草3克。

● **制作方法**

1）将卷心菜及培根切成丝，将其他蔬菜原料切成丁。

2）用黄油将蒜末炒香，放入切好的培根、卷心菜、胡萝卜、芹菜、番茄、洋葱稍炒，倒入清汤后放入青豆、土豆。

3）用小火将原料煮烂后放入通心粉、食盐、胡椒粉、鼠尾草，再将制品盛入汤盘内，撒上奶酪粉即可。

（3）黑豆汤（black bean soup）

● **原料**　黑豆500克，咸猪蹄3只，鸡蛋4个，柠檬片适量，胡椒粉少许，红酒醋25克，食盐3克，芫荽少许，清水1千克。

● **制作方法**

1）将黑豆、咸猪蹄洗净，放入大汤锅内，加清水，用大火煮沸，撇去浮沫，半开锅盖，再用小火煨3小时，使豆酥烂。

2）将锅内的汤用汤筛滤清。

3）再将汤倒入锅内，加胡椒粉及食盐调味，继续用小火保温。

4）将鸡蛋煮熟，去壳，切成碎块。将芫荽切碎（留少许），加红酒醋搅拌。吃时将二者加入汤锅内，起锅装汤盘。

5）每盘边上放1片柠檬，汤上再撒一些切碎的芫荽。

（4）鸡肉汤（chicken broth）

● **原料**　带骨鸡肉300克，大米25克，各色蔬菜丁（包括胡萝卜丁、洋葱丁、芹菜丁、白萝卜丁、青蒜丁）共200克，清水1千克，香草束、芫荽末、食盐、胡椒粉适量。

● **制作方法**

1）将带骨鸡肉放入汤锅中，加清水煮开，撇去浮沫，水微沸后煮1小时左右。

2）加入蔬菜丁、香草束、大米，水微沸后再以小火继续煮 1 小时。

3）取出鸡肉、香草束，将鸡肉切成丁，再放入锅中，加食盐、胡椒粉调味，加入芫荽末即可。

（5）奶油汤（cream soup）

奶油汤通常以汤中的配料命名。

● **原料** 白色牛基础汤或鸡基础汤 500 克，鲜奶油或牛奶 500 克，面粉 50 克，食盐 10 克，胡椒粉适量，黄油、洋葱适量。

● **制作方法**

1）用黄油炒面粉（小火），加上适量洋葱作为调味料。炒至面粉呈淡黄色、有香味即可。

2）将白色牛基础汤或鸡基础汤慢慢倒入炒好的面粉中，用木铲不断搅拌，煮沸后，用小火将汤煮至黏稠，然后过滤。

3）放入食盐、胡椒粉、鲜奶油或牛奶调味，使汤成为发亮、带有黏性的汤汁，放上装饰品即可。

（6）芦笋奶油汤（cream asparagus soup）

● **原料** 鸡汁奶油汤 1 升，嫩芦笋 150 克，奶油 125 毫升或牛奶 250 毫升，烤面包丁 25 克，食盐适量。

● **制作方法**

1）将嫩芦笋切成长 1.5 厘米的段。

2）在奶油汤内加入牛奶或奶油、芦笋段，煮透后加食盐调味即可。

3）上菜时，撒上烤面包丁。

（7）青豆蓉汤（pureed green pea soup）

● **原料** 牛肉清汤 1.5 千克，牛奶 1 千克，鲜青豆 750 克，芫荽 50 克，油面酱 50 克，黄油 50 克，洋葱末 25 克，鲜薄荷叶、食盐、胡椒粉、烤面包丁、奶油适量。

● **制作方法**

1）用黄油将洋葱末炒香，放入青豆稍炒，加入部分清汤，放入鲜薄荷叶、芫荽，煮沸后用小火将青豆煮烂，然后用细筛筛成青豆蓉。

2）将油面酱加热，逐渐加入牛奶、清汤及青豆蓉，搅打均匀，煮透，调入食盐和胡椒粉，用箩或纱布过滤。

3）将汤盛入盘内，撒上烤面包丁，浇上奶油即可。

（8）海鲜汤（bisque）

海鲜汤的做法和奶油汤相似。

◆ **原料** 白色牛基础汤1千克，奶油或牛奶500克，面粉50克，海虾200克，蛤蜊200克，龙虾200克，洋葱100克，胡萝卜100克，食盐10克，胡椒粉、黄油适量。

◆ **制作方法**

1）使用小火，用黄油炒面粉，再加入适量洋葱、胡萝卜和各种海鲜，炒至海鲜呈淡黄色、有香味即可。

2）将白色牛基础汤慢慢倒入炒好的原料中，用木铲不断搅拌，煮沸后，用小火将汤煮至黏稠，然后过滤。

3）放入奶油或牛奶，加入食盐和胡椒粉调味，使汤成为发亮的、带有黏性的汤汁，放上装饰品即可。

（9）龙虾汤（bisque de homard）

◆ **原料** 鱼清汤1.5千克，龙虾1只，胡萝卜100克，白萝卜100克，洋葱30克，面粉35克，黄油50克，黑胡椒粒3克，柠檬汁25克，肉豆蔻粉2克，雪利酒30克，食盐6克，鲜奶油50克，红椒粉1克。

◆ **制作方法**

1）将龙虾放入沸水中煮熟，切开取肉，将肉切成片。

2）将虾壳拍烂剁碎，用黄油炒香，放入面粉和雪利酒稍炒。逐渐倒入鱼清汤，搅拌均匀。

3）放入切碎的洋葱、胡萝卜、白萝卜以及肉豆蔻粉、黑胡椒粒，用小火煮1小时后用筛过滤，然后在汤内调入食盐、红椒粉、柠檬汁。

4）将龙虾肉放入汤盘内，盛入鱼汤，浇上鲜奶油即可。

思考题

1. 什么是基础汤？基础汤可分为哪几种？
2. 简述常见基础汤的特点。
3. 简述常见基础汤的制作方法。
4. 简述高汤的制作方法。
5. 汤菜的作用是什么？
6. 分别列举常见的清汤、浓汤和特殊风味汤品种，简述其制作方法。

第九章

西餐冷菜制作工艺

学习目标

1. 了解西餐冷菜的特点及分类。
2. 掌握常见西餐冷菜的制作工艺。
3. 掌握西餐冷菜拼摆装盘的方法。

第一节 西餐冷菜概述

在西餐菜肴中，冷菜是重要的组成部分。广义上的西餐冷菜是指所有热菜冷吃或生冷食用的西式菜肴，包括开胃菜、沙拉、冷肉类。狭义上的西餐冷菜是指在宴席上主要起开胃作用的沙拉、冷肉类等西式菜肴。

在西式宴席中，冷菜一般是第一道菜或第二道菜，起到开胃的作用，要求质量高，味道好，装饰美观，尤其隆重的晚会和宴会使用的冷菜更是如此。在西方一些国家，冷菜还可作为一餐的主食。在西方，为庆祝或纪念一些活动，还常常举办一些以冷菜为主的冷餐会、鸡尾酒会等。

一、西餐冷菜的特点

西餐冷菜味美爽口，清凉不腻，制法精细，点缀漂亮，种类繁多，营养丰富。冷菜制作在西餐中是一种专门的烹调技术，讲究拼摆技巧。

西餐冷菜主要有沙拉、开胃菜、各种冷肉类等，往往选用蔬菜、鱼、虾、鸡、鸭、畜肉等制成，有很高的营养价值。其中，肉类含有大量的蛋白质，而各种沙拉和冷菜的配菜（如番茄、生菜和其他新鲜的蔬菜水果等）又是膳食中维生素、矿物质和有机酸的主要来源。

二、西餐冷菜的分类

西餐冷菜可按不同方法分为若干类别。

按原料性质不同，可分为蔬菜冷菜、荤菜冷菜。

按盛装器皿不同，可分为杯装冷菜、盘装冷菜、盆装冷菜。

按加工方法不同，可分为热制冷吃类冷菜、冷制冷吃类冷菜、生吃冷菜。

三、西餐冷菜的原料和调味料

要做好西餐冷菜的烹调工作，首先应注意原料的选用。生制的畜肉类、鱼类、鸡类等原料，有肥有瘦、有老有嫩、有好有坏，要根据其适用的烹饪方法加以选择。熟制原料中，要根据季节、场合、文化等因素选择合适的原料。

为了使冷菜美观，冷菜常使用颜色鲜艳的原料，如番茄、红萝卜、胡萝卜、生菜、芹菜、豌豆等。

1. 生制原料

猪肉可选通脊肉、里脊肉、后腿、前腿、前肘、头、尾、前蹄、后蹄等部位。

牛肉可选里脊肉、外脊肉、上脑、米龙、和尚头、黄瓜肉、肋条、前腿、后腿、胸口、后腱子、前腱子、头、尾等部位。

羊肉可选后腿、前腿、前腱子、后腱子、上脑、肋部、头、尾等部位。

海鲜可选用蛤蜊、牡蛎、蟹、大虾和龙虾等原料。

水果可选用苹果、香蕉、柚子、橘子和梨等原料。

蔬菜可选生菜、红菜头、土豆、芹菜、胡萝卜、西蓝花、卷心菜、洋葱、百合、青红辣椒等原料。

2. 熟制原料

烟熏类原料可选用烟鲳鱼、烟鲑鱼、烟黄鱼、烟鳗鱼、烟猪扒、烟牛舌、培根等原料。

肠类原料可选用熟制的血肠、茶肠、乳酪肠等原料。

熟制塞肉类原料可选用黄瓜塞肉、青椒塞肉、洋葱塞肉、茄子塞肉、蘑菇塞肉等原料。

酸味类原料可选用熟制的酸味鱼块、酸烩虾球、酸烩蘑菇等原料。

罐头类原料可选用沙丁鱼罐头、大麻哈鱼罐头、鲱鱼卷罐头、金枪鱼罐头、芦笋罐头、百合罐头、鹅肝罐头、蟹肉罐头、鱼子罐头、红辣椒罐头、鲍鱼罐头、黑蘑菇罐头、甜酸洋葱罐头、橄榄罐头等原料。

3. 调味料

酸味调味料可选用醋、柠檬、酸豆、酸黄瓜、酸菜、番茄沙司及各种酸果等原料。

甜味调味料可选用糖、果酱及各种甜味水果等原料。

咸味调味料可选用咸鲑鱼、咸鲱鱼、红鱼子、黑鱼子、咸橄榄、咸牛肉、咸牛舌及咸猪肘等原料。

辣味调味料可选用辣椒、胡椒、大蒜、芥末、咖喱及辣酱油等原料。

各种调味沙司可选用马乃司沙司、醋沙司、千岛沙司、鸡尾汁、番茄沙司等原料。

四、西餐冷餐会

冷餐会是一种大型宴会，一般都在晚饭时间以后举行，通常以各种冷菜为主。

在餐厅的一侧，布置着大型长台，台上摆设着各种各样的冷菜，如整条的鱼、整只的家禽、生菜等。当顾客入席时，厨师就在现场制作，让顾客自己选择喜欢的食品并端到周围的台上去吃。这种宴会时间较长，食品数量也多。以下是冷餐会常见的一些冷菜：

小吃：什锦面包丁（assorted crouton）、杏仁、核桃、炸薯条（chip）。

沙拉：水果沙拉（fruit salad）、蔬果色拉（macedoine salad）。

冷肉：奶油冻鸡（chaudfroid chicken）、大虾冻（prawn in jelly macedoine）、巴黎式龙虾（lobster Parisienne）、冷鲟鱼（Muscovite sturgeon）、冷鸡卷（galantine of capon）、大麻哈鱼（salmon mayonnaise）、羊鞍（saddle of lamb）、烤乳猪（suckling pig）、烤火鸡（roasted turkey）、烤兔子（jugged hare）、烧牛肉（roasted sirloin of beef）、烧鹿肉（roasted venison）。

五、西餐冷菜的准备

在制作西餐冷菜时，往往需要事先将大量的生、熟原料准备好，一般新鲜蔬菜、

素沙拉及冷肉类冷菜的准备尤为重要。

1. 新鲜蔬菜和素沙拉的准备

素沙拉一般用蔬菜加工而成，要先将土豆、胡萝卜、红菜头等洗干净，有皮的要带皮煮熟，等冷却后剥去皮，再切开分别放在盘或盆内，置于冰箱内存放备用。

新鲜蔬菜的加工应在专设的加工间进行。生菜、番茄、黄瓜等要选择新鲜的洗净，芹菜要择好并去筋洗净，放在 2~4 ℃的凉爽处保存。制作前再用开水进行消毒处理，以确保卫生无污染。原料可根据制作的需要加工成丝、片、丁等形状备用。

2. 冷肉类冷菜的准备

（1）初加工

冷菜加工间所用的成品或半成品，都要在使用前做好初加工，上菜时只是切配和艺术加工的过程。

每天所用的各种煮、烤、熏制的火腿或者肠类，在使用前要用干净的干毛巾擦干净，除去扎绳，有的要剥去外皮，分类放在盘内。

火腿要去皮，去掉肥膘，切去熏黑的部分，然后切成两半或四块，置于 0 ℃左右的冰箱内存放备用。

存放在冰箱内的熏制鱼类食品（如熏鳇鱼、熏鲈鱼等），使用前要进行初加工处理，去掉头、皮、骨等备用。

（2）冷藏注意事项

食品冷却后，应及时放入温度适宜的冰箱内冷藏。冷藏保管时要凉而不冻，以保证冷菜的品质不受影响。一般情况下，冷藏时要注意以下事项：

新鲜的蔬菜应放置在 0~4 ℃的环境中存放，拌好待用的素沙拉应放置在 2~6 ℃的环境中存放，配制好待用的沙拉应放置在 8~10 ℃的环境中存放且存放时间不得超过两个小时。

煮、烤、熏制的各种肉类食品待冷却后一般要放置在 0 ℃左右的环境中存放。如果冷却过度，冷肉类食品会结冰，导致肉内水分减少，在食用时又会因解冻而渗出过多的水分。如果存放环境温度过高，则肉内微生物容易迅速大量繁殖，导致食品迅速腐烂变质。

六、西餐冷菜的拼摆

冷菜拼摆是将冷菜原料进行设计、构思、精心切配，制成富有艺术性的菜肴的方法。拼摆而成的便是冷菜拼盘，又称冷盘、凉盘。

拼摆水平是衡量烹调技艺水平的重要标准，在拼摆中要靠厨师的智慧、经验、技巧等，巧妙构思，精心搭配。一个出色的西餐厨师，可以根据不同的宴会、不同的原料、不同的季节，拼摆出各种相宜的冷盘，给人们带来美的享受。

1. 操作步骤

（1）整体构思

首先，要确定原料和表现手法，考虑宴会场合、顾客身份、价格标准、季节特点、民族习惯、宗教信仰等因素进行整体构思，要注意避免出现顾客忌讳的造型及食品。

（2）设计图案

一般应绘制一幅草图，并考虑选择的原料是否能实现设计效果。既要使冷盘体现出布局适当、色调和谐、生动逼真、形态优美等特点，又要使冷盘口味搭配得当，富有营养，符合卫生要求。在设计过程中应注意不能单纯追求形式美，而要综合考虑，达到色、香、味、形、器俱佳的目的。

（3）切配

切配要精细，要目测或手量尺寸，做到长短适度、厚薄均匀。必须根据原料的自然形态，将其加工处理成片、条、丝、段等不同的形态，并考虑如何拼摆使用。

（4）拼配

原料加工好之后，便可按照设计的图案进行拼配。一般要先用小的原料或素沙拉垫底，这是为了便于掌握形态。

2. 注意事项

（1）拼摆前就要有对整体图案的构思，做到胸有成竹。

（2）拼摆前要检查冷菜的口味，确保拼摆原料的质量。

（3）做好切配加工所需的各种设备、用具的消毒工作，从源头防止病菌侵入。

（4）要按照宴会或单个菜肴的主题对冷菜的花色、荤素等进行搭配，做到突出主题，按需拼摆。

总之，冷菜拼摆要兼顾色、香、味、形、器及营养，这就要求制作者具备艺术的眼光，娴熟的切配技术、烹调技术以及营养卫生等方面的知识。

七、西餐冷菜制作注意事项

1. 卫生

卫生安全是食品生产的首要问题，尤其冷菜制作更要注重卫生。因为冷菜具有不再高温烹调、直接食用的特点，所以从制作到拼摆、装盘的每一个环节都必须注意清洁卫生，严防有害物质的污染。

（1）原料卫生

冷菜的选料一般比热菜讲究，各种蔬菜、海鲜、肉类等均要求干净新鲜，外形完好。对于生食的原料还要进行消毒。

（2）用具卫生

在冷菜制作过程中，凡接触冷菜的所有用具，都要注意卫生。尤其是刀、砧板、盛器要反复用清水洗净。

（3）环境卫生

环境卫生主要指冷菜间和冰箱的卫生。冷菜间要清洁，没有蚊蝇、臭虫、蟑螂和蜘蛛网等，要安装灭蝇灯及紫外线消毒灯。冰箱要清洁无异味。

（4）装盘卫生

餐具要高温消毒，装盘过程中尽量避免手直接接触食品。不是立即食用的，装盘后要用保鲜膜封好并放入冰箱。

2. 调味

冷菜多数作为开胃菜，所以味道要比热菜重一些，要呈现比较突出的酸、甜、苦、辛辣、咸或烟熏等富有刺激性的味道。口感上侧重脆、生，达到爽口开胃、刺激食欲的效果。

3. 刀工

冷菜刀工的基本要求是成品光洁、整齐，要切配精细、拼摆整齐、造型美观、色调和谐，给人以美的享受。例如，对于动物性原料下刀要轻、要慢。冷菜加工多用锯切法，以保证成品形状完整，规格一致。

4. 装盘

冷菜装盘要求造型美观大方，色调和谐，主次分明。可适当点缀，但饰物不宜繁杂。注意盘边卫生，不可有油渍、水渍。

第二节　开胃菜制作工艺

一、开那批类开胃菜

开那批是英文 canapé 的译音，是以脆面包、脆饼干等为底托，上面放有各种少量或小块冷肉、冷鱼、鸡蛋片、酸黄瓜、鹅肝酱或鱼子酱等食品的冷菜。

开那批的主要特点是食用时不用刀叉，也不用牙签，直接用手拿取食用。所以，它具有分量少、装饰精致的特点。

开那批的原料较为广泛，肉类、鱼虾、蔬菜等均可使用。所用蔬菜应粗纤维少、质地松、汁少味浓，肉类原料应鲜嫩，这样制作出的菜肴口感细腻，味道鲜美。

二、鸡尾杯类开胃菜

1. 特点

鸡尾杯类开胃菜是指以海鲜或水果为主要原料，配以调味酱而制成的开胃菜，通常盛在玻璃杯里，用柠檬装饰，类似于鸡尾酒，故而得名。它一般作为正式餐前的开胃小吃，也可用于鸡尾酒会，一般在各类正式宴会前、冷餐会、鸡尾酒会等场合使用较多。

2. 原料

鸡尾杯类开胃菜所用原料较为广泛，可将原料制成各种冷制食品或热制冷食。常见原料如下：

（1）海鲜，如大虾、蟹、熟制的龙虾、海鲜罐头及鱼子酱等。

（2）禽类，如热制冷食的烤鸡、烤鸭、烤火鸡、酱制禽类等。

（3）畜类，如热制冷食的烤猪肉、烤牛肉、烤羊肉等。

（4）鱼类，如各种煮鱼、熏鱼、烤鱼及鱼罐头等。

（5）乳制品，如各种黄油、奶油等。

（6）肉制品，如各种香肠、火腿等。

（7）蔬菜，如黄瓜、番茄、生菜、洋葱、蘑菇等。

（8）水果，如苹果、梨、香蕉、橙子、芒果等。

（9）其他，如各种酸菜、泡菜、酸黄瓜等。

三、鱼子酱开胃菜

鱼子酱开胃菜通常使用腌制或制成罐头的黑鱼子、红鱼子制作。制作时，将鱼子酱放入一个小型玻璃器皿或银器中，再放在装有碎冰的大盘中，另配洋葱末和柠檬汁做调味料。

四、批类开胃菜

"批"是英文pate的译音，法文为pâté，我国有些菜单中译作帕地，是指各种用模具制成的冷菜。

批类开胃菜主要有三种：一是将各种烹熟的肉类、肝脏绞碎，放入奶油、白兰地（或葡萄酒）、香料和调味料搅成泥状，再放入模具中冷冻成形后切片，如鹅肝酱；二是将生的肉类、肝脏绞碎、调味（或加入一部分蔬菜丁或未绞碎的肝脏小丁）后装模烤熟，冷却后切片，如野味批；三是将烹熟的海鲜、肉类、调色蔬菜加入明胶汁、调味料，装模冷却凝固后切片，如鱼冻等。

批类开胃菜原料选择范围较广，一般情况下，肉类、鱼虾、蔬菜及动物内脏均可使用。在制作过程中，考虑到热制冷吃的需要，往往要选择原料中质地较嫩的部位。批类开胃菜适用范围极广，既可用于正规宴会，也可用于一般的家庭餐食，更多用于大型冷餐会、酒会，深受人们喜爱。

五、开胃菜制作实例

1. 开那批类开胃菜

以下介绍大虾开那批（prawn canapé）的制作方法。

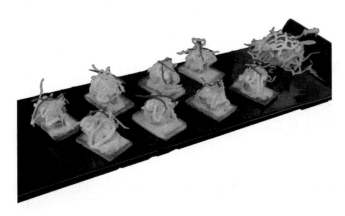

大虾开那批

◆ **原料** 白吐司4片，大虾160克，蔬菜丝（如生菜丝等）16克，蛋黄酱50克，香料适量。

◆ **制作方法**

（1）将大虾去头、去肠，加香料煮熟后冷却，剥壳备用。

（2）将白吐司片烤成金黄色，分别切除四边，每片平均分成八块方形小面包片。

（3）在每块面包片上均匀涂上蛋黄酱，然后摆上一只大虾，用蔬菜丝装饰即可。

◆ **质量标准** 成品色彩协调，大小相等。

2. 鸡尾杯类开胃菜

一般情况下，鸡尾杯类开胃菜的制作过程分为两步，首先将热制冷食或直接冷食的食品进行简单加工，然后将加工好的食品装入鸡尾杯等容器中并进行适当点缀，放上小餐叉或牙签即可。

（1）大虾杯（prawn cocktail）

● 原料　大虾 250 克，番茄沙司 20 克，马乃司沙司 40 克，浓奶油 20 克，柠檬汁 20 克，生菜 50 克，食盐 3 克，胡椒粉 1 克。

● 制作方法

1）将大虾去掉头、皮，挑净肠，洗净后切成小块，放入沸水中，加入少许食盐煮熟，捞出晾凉备用。

2）将生菜洗净，放入鸡尾杯中备用。

3）将番茄沙司、马乃司沙司、奶油及柠檬汁放入沙司锅里搅拌均匀，并用食盐和胡椒粉调好味，放入虾肉，拌好后堆放在生菜上即可。

● 质量标准　成品色泽粉红，虾肉嫩滑。

（2）酿鸡蛋花（stuffed eggs with yolk）

● 原料　鸡蛋 20 个，蛋黄酱 80 克，奶油 80 克，樱桃 100 克，食盐 3 克，胡椒粉 2 克，马乃司沙司 40 克。

● 制作方法

1）将鸡蛋煮熟后去壳，在鸡蛋尖头往下三分之一处切开（切口呈锯齿状），取出蛋黄。

2）将蛋白底端削平，放入杯中。

3）将蛋黄捏成泥，加入食盐、奶油、马乃司沙司、胡椒粉、蛋黄酱，搅拌均匀，再用裱花袋将其挤入杯中的蛋白内，上面放上一个樱桃即可。

● 质量标准　成品黄白相间，奶香浓郁。

3. 鱼子酱开胃菜

（1）黑鱼子酱

● 原料　黑鱼子 50 克，洋葱碎 25 克，柠檬 15 克，生菜 20 克。

● **制作方法** 将黑鱼子装入小盘，撒上洋葱碎，将柠檬摆在盘边，点缀上生菜即可。

● **质量标准** 成品色黑、黏稠、鲜香、醇美。

（2）红鱼子酱

● **原料** 红鱼子75克，洋葱碎25克，香桃15克，生菜20克。

● **制作方法** 将红鱼子装入小盘，撒上洋葱碎，将香桃摆在盘边，点缀上生菜即可。

● **质量标准** 成品色红、黏稠、鲜香、醇美。

4. 批类开胃菜

（1）鹅肝冻（goose liver gelatin）

● **原料** 鹅肝120克，牛肉200克，洋葱50克，胡萝卜10克，芹菜10克，全力粉20克（或食用明胶30克），玉桂粉10克，鲜奶油20克，白兰地15克，食盐3克，胡椒粉1克，黄油35克，冷水600毫升。

● **制作方法**

1）取平底锅，放入洗净的牛肉。

2）将30克洋葱去皮切成丝，将胡萝卜洗净切成片，将芹菜洗净切成小段。将以上原料放入平底锅内，搅拌均匀，加入600毫升冷水，用中火烧沸后立即改用小火煮2小时。煮好后用纱布过滤牛肉汤，去掉杂质。

3）将全力粉（或食用明胶）放入牛肉汤里煮化，加入适量食盐、胡椒粉、玉桂粉、白兰地，调好口味待用。

4）将鹅肝去掉血丝和筋，用清水洗净。

5）平底锅加黄油烧热，将20克洋葱切成末，放入锅中炒香，然后放入鹅肝一起炒熟，加入适量食盐、胡椒粉。取出制品，放入粉碎机内粉碎，然后过筛成泥，再加入鲜奶油搅拌均匀，装入裱花袋待用。

6）取玻璃盅2个，将牛肉汤（先取四分之一）倒入其中，放入冰箱，冻结后取出。

7）将鹅肝泥挤入玻璃盅中成形，再将余下的牛肉汤倒入，浸没鹅肝泥，然后将制品放入冰箱冻结。上菜时将制好的鹅肝放在菜中间即可。

● **质量标准** 鹅肝呈灰色，牛肉呈褐色，相间分布，口感细腻。

（2）鹅肝批（goose liver pate）

⬡ **原料**　鹅肝 1.5 千克，猪肥膘 500 克，全力汁 100 克，鲜牛奶 1 千克，黑菌丁 50 克，食盐 5 克，白兰地 50 克，胡椒粉 5 克，杂香草适量。

⬡ **制作方法**

1）将鹅肝去掉血丝和筋，用鲜牛奶腌渍 3 小时，用食盐、胡椒粉、白兰地（适量）、杂香草腌渍入味。

2）将腌好的一半鹅肝粉碎成馅，另一半切成小丁，然后混合均匀。

3）将猪肥膘切成薄片，取一部分贴在模具边上，先放上一半鹅肝，再放入黑菌丁，然后放上余下的鹅肝，表面再贴上猪肥膘。将制品放入 200 ℃的烤箱，烤透后取出。

4）将制品放入冰箱中，冷却后取出，切片装盘，再浇上白兰地、全力汁，放入冰箱冻结后即可食用。

⬡ **质量标准**　鹅肝呈棕色，黑菌呈黑色，相间分布；汁液呈粉红色；成品肥润软嫩。

（3）小牛肉火腿批（veal and ham pate）

⬡ **原料**　小牛肉 800 克，烟熏火腿 650 克，面团 300 克，全力汁 500 克，冬葱末 100 克，食盐 10 克，胡椒粉 2 克，黄油 50 克，白兰地 50 克，蛋液（一般指鸡蛋液，下同）适量。

⬡ **制作方法**

1）将小牛肉切成薄片，加入食盐、胡椒粉、白兰地，腌渍入味备用。

2）在长方形模具中刷一层黄油，再将四分之三的面团擀成薄片，放入模具中。

3）将火腿切成片，与小牛肉片相间叠放在模具内，火腿片与小牛肉片之间放上炒香的冬葱末。

4）将余下的面团也擀成薄片，盖在火腿上，并随意捏成图案，再刷上一层蛋液，放入 175 ℃的烤箱中烤至成熟上色后取出。

5）待制品冷却后，在上面扎一个孔，灌入全力汁，再放进冰箱内冷却。

6）上菜时将批取出，切成厚片装盘，边上配一些生菜即可。

⬡ **质量标准**　成品外皮金黄，肉呈棕褐色，浓香微咸。

（4）猪肉批（pork pate）

● **原料**　猪通脊肉 1.5 千克，猪肥膘 500 克，白蘑菇丁 80 克，鸡蛋 3 个，鲜奶油 100 克，白兰地 30 克，食盐 5 克，洋葱末 35 克，蒜末 15 克，肉豆蔻粉 1 克，胡椒粉 1 克，黄油适量。

● **制作方法**

1）将猪通脊肉和猪肥膘打成肉泥，逐渐加入食盐、洋葱末、蒜末、肉豆蔻粉、胡椒粉、白兰地、鸡蛋及鲜奶油，搅打至细腻有劲，再放入白蘑菇丁搅拌均匀。

2）在模具内抹上一层黄油，放入肉泥，再放入 180 ℃的烤箱中，隔水烤 1 小时左右，取出冷却，切成片状即可食用。

● **质量标准**　成品呈浅褐色，软嫩肥润。

（5）海鲜批（seafood pate）

● **原料**　海水鱼净肉 500 克，扇贝肉 200 克，大虾肉 200 克，鲜奶油 400 克，菠菜泥 50 克，食盐 10 克，胡椒粉 3 克，虾脑油 20 克，黄油 50 克，茴香酒适量，鸡蛋 1 个。

● **制作方法**

1）将鱼肉、扇贝肉、大虾肉打碎，过筛去筋，加入蛋清、食盐、胡椒粉、茴香酒，用力搅打起劲，然后慢慢加入奶油，搅打至洁白细腻。

2）将搅打好的馅平均分成 3 份，1 份放上菠菜泥，1 份放上虾脑油，再分别搅拌成绿、黄、白 3 种不同颜色的海鲜馅。

3）将黄油抹在模具四周，放上 3 种不同颜色的海鲜馅，盖上锡纸，放在烤盘内，烤盘内倒上温水，用 150~170 ℃的温度烤 80 分钟后取出，待制品冷却后放入冰箱内保存。

4）食用时切成厚片，配上时蔬即可。

● **质量标准**　成品黄、绿、白三色相间，软嫩细腻。

第三节　沙拉制作工艺

一、沙拉概述

沙拉通常指西餐中用于开胃佐食的凉拌菜，又称色拉、沙律。我国北方及东部地区通常称之为沙拉，我国南方尤其是广东、香港一带通常称之为沙律。

沙拉一般将各种可以直接入口的生料或烹熟晾凉的原料加工成较小的形状，再浇上调味汁或各种冷沙司及调味料拌制而成。沙拉可用各种水果、蔬菜、禽蛋、肉类、海鲜等原料制作，具有外形美观、色泽鲜艳、鲜嫩可口、清爽开胃的特点。

在制作沙拉时，要注意以下几点：

一是制作蔬菜沙拉时，叶菜一般要用手撕，以保证蔬菜的新鲜度，同时要注意沥干水分，以保证沙拉酱能够搅拌均匀。

二是制作水果沙拉时，可在沙拉酱中加入少许酸奶，使沙拉味道更醇美，并具有奶香味。

三是制作肉类沙拉时，可直接选用一些含有胡椒、蒜、葱、芥末等原料的沙拉酱，也可在马乃司沙司中加入以上具有辛辣味的原料。

四是制作海鲜类沙拉时，可在沙拉酱中加入一些柠檬汁、白兰地、白葡萄酒等。这样既可保持原料的原有色彩，也可使沙拉的味道鲜美。

二、沙拉的分类

1. 按照国家分类

西方各国均有代表性的沙拉，如美国的华尔道夫沙拉（waldorf salad）、法国的生菜沙拉（French salad）和鸡肉沙拉（chicken salad）、英国的番茄盅（stuffed tomato）等。

2. 按调味方式分类

（1）清沙拉

清沙拉主要指将单纯的原料进行简单加工处理后即可食用的沙拉，一般不配沙司，如生菜沙拉，即将干净的生菜切成丝后装盘即可。

（2）奶香味沙拉

奶香味沙拉所用的沙拉酱加入了鲜奶油，所以奶香味浓郁，并伴有一定的甜味，深受喜欢甜食的人群青睐，如鸡肉苹果沙拉（cold chicken and apple salad）。

（3）辛辣味沙拉

辛辣味沙拉所用的沙拉酱（如法国汁）加入了蒜、葱、芥末等具有辛辣味的原料，辛辣味较为浓郁。这种沙拉酱较多用于肉类沙拉，如白豆火腿沙拉。

3. 按照原料性质分类

（1）素沙拉

素沙拉泛指一切由蔬菜水果制作而成的沙拉，如生菜沙拉、蔬菜沙拉（vegetable salad）等。

（2）禽蛋肉沙拉

禽蛋肉沙拉指由禽肉、各种蛋品和其他肉类中的一种或几种制作而成的沙拉，如鸡蛋沙拉（egg salad），猪蹄沙拉（trotter salad）等。

（3）鱼虾沙拉

鱼虾沙拉指由各类鱼虾制作而成的沙拉，如大虾沙拉（prawn salad），虾蟹杯（prawn and crab cocktail）等。

（4）其他类沙拉

其他类沙拉主要指由以上几类原料中的若干种混合制作而成的沙拉，如厨师沙拉

（chef's salad）等。

三、沙拉制作实例

1. 素沙拉

（1）苹果沙拉（apple salad）

● **原料**　脆苹果500克，蛋黄酱35克，食盐5克，淡盐水适量。

● **制作方法**

1）将苹果去皮、核，切成1厘米见方的丁，放入淡盐水中略泡，捞出沥干水分后，用干净的布吸净水分。

2）苹果中加适量食盐，搅拌均匀后再用蛋黄酱拌和，盛在盘中即可。

● **质量标准**　成品酸甜脆嫩、爽口。

（2）生菜沙拉

生菜沙拉

● **原料**　卷心菜200克，生菜100克，胡萝卜丝50克，红菜头丝100克，小番茄块20克，法国汁50克，蛋黄酱适量。

● **制作方法**

1）将卷心菜、生菜撕开，与胡萝卜丝、红菜头丝堆放在一起，装入盘内备用。

2）浇上法国汁，加入蛋黄酱，搅拌均匀，装入盘中，每盘上面放适量小番茄块即可。

◆ **质量标准**　成品色泽鲜艳，清脆爽滑。

（3）田园沙拉（garden salad）

田园沙拉

◆ **原料**　生菜600克，黄瓜100克，芹菜50克，小萝卜50克，大葱50克，胡萝卜50克，番茄280克，马乃司沙司或千岛汁适量。

◆ **制作方法**

1）将各种蔬菜原料洗净，控干水分，冷藏备用。

2）将黄瓜去皮后切成薄片，将芹菜、小萝卜切成片。将大葱从中间剖开，切成葱末。将胡萝卜削皮，用中号削菜板将其擦成丝。将番茄去蒂，切成大小均匀的楔形块。将生菜撕成方便食用的形状。

3）将以上除番茄之外的所有原料都放入大碗中，充分搅拌均匀。

4）将沙拉装盘或装碗，在上面放上番茄块，冷藏备用。上菜时淋上马乃司沙司或千岛汁即可。

◆ **质量标准**　成品红白绿相间，口味鲜香酸咸，脆嫩爽口。

2. 禽蛋肉沙拉

（1）鸡肉沙拉

鸡肉沙拉

◆ **原料**　熟鸡肉 400 克，土豆沙拉 750 克，生菜数片，番茄 200 克，蛋黄酱 50 克，食盐 3 克，胡椒粉 2 克，辣酱油适量。

◆ **制作方法**

1）将鸡肉片成大片，加食盐、胡椒粉、辣酱油调味。

2）将生菜垫入盆底，上面放土豆沙拉，再将鸡肉一片片铺在沙拉上。

3）在鸡肉上挤上网状的蛋黄酱，盆边用番茄片装饰即可。

◆ **质量标准**　成品色彩鲜艳，肥滑细嫩。

（2）华尔道夫沙拉

华尔道夫沙拉

● **原料**　熟土豆 50 克，红皮脆苹果 50 克，芹菜 50 克，熟鸡肉 25 克，核桃仁 10 克，番茄 200 克，生菜 20 克，鲜奶油 15 克，马乃司沙司 30 克，食盐适量。

● **制作方法**

1）将熟鸡肉切成 1 厘米粗的条。将熟土豆去皮、苹果去核、芹菜去筋，都切成条。将核桃仁用开水浸泡后剥去皮，切成片。

2）将鸡肉条、芹菜条、土豆条、苹果条一起放入碗内，并加入一半的核桃仁。

3）将鲜奶油打发，与马乃司沙司一起放入碗内，并用食盐调味，搅拌均匀，盘边用番茄、生菜装饰，然后放上上一步的制品，最后撒上另一半核桃仁即可。

● **质量标准**　成品色泽淡黄，粗细均匀，口味香甜微咸，脆嫩爽口。

3. 鱼虾沙拉

（1）鲜虾青豆沙拉（shrimp and bean salad）

● **原料**　鲜虾仁 300 克，青豆 100 克，蛋黄酱 200 克，食盐 3 克，胡椒粉 1 克，柠檬汁 2 克。

● **制作方法**

1）将鲜虾仁和青豆煮熟，加食盐、胡椒粉、柠檬汁调好味，堆放在盘子中间。

2）挤上蛋黄酱，装饰即可。

● **质量标准**　成品色彩鲜艳，鲜嫩爽滑。

（2）大虾沙拉

● **原料**　大虾 300 克，土豆沙拉 1 千克，生菜 20 克，蛋黄酱 50 克，蔬菜香料 150 克，白葡萄酒 15 克，柠檬汁 3 克，食盐 3 克。

● **制作方法**

1）将大虾洗净。锅中倒入适量清水，加蔬菜香料、柠檬汁、白葡萄酒、食盐，煮开，放入大虾汆熟后捞出。

2）待大虾冷却后剥去虾壳，去掉虾头，保留虾尾，在虾背上划一刀，去掉虾肠，然后切成厚片（部分剁成碎虾肉）。

3）将零星的碎虾肉拌入土豆沙拉内。先用生菜垫底，将土豆沙拉放在上面，要堆放饱满，然后在土豆沙拉上面铺满虾片，再挤上网状蛋黄酱即可。如有需要，也可

配一些番茄块作为点缀。

◉ **质量标准**　成品色调淡雅，嫩滑爽口。

（3）咖喱海味沙拉（curried seafood salad）

◉ **原料**　长粒稻米 100 克，大虾 500 克，扇贝肉 500 克，黄油 60 克，芹菜碎 30 克，芫荽末 24 克，青葱末 15 克，红辣椒碎 10 克，油醋汁 80 克，葱姜粉 20 克，柠檬汁 50 克，糖 15 克，食盐 3 克，胡椒粉 1 克，白葡萄酒 5 克。

◉ **制作方法**

1）将米淘净后沥干水分，放在加有食盐的开水中，不加盖煮 12 分钟，直至米软熟。沥去多余的水分，将米饭放在盘中铺开，至米饭干燥冷却。

2）将大虾煮熟，去掉壳和肠，切为两段。

3）锅中放入黄油加热，加入扇贝肉，以小火煎炒 3~5 分钟至熟，然后晾凉。

4）将米饭放入大碗中，加入大虾、扇贝肉、芹菜碎、芫荽末、青葱末、红辣椒碎，轻轻拌和均匀。将油醋汁、白葡萄酒及其他调味料拌匀后浇到米饭上，放入冰箱冷却即可。上菜时将制品倒扣在盘中。

◉ **质量标准**　成品味鲜爽口，营养丰富。

4. 其他类沙拉

（1）厨师沙拉

◉ **原料**　咸牛舌 25 克，熟鸡脯肉 25 克，火腿 25 克，奶酪 15 克，熟鸡蛋 1 个，芦笋 200 克，番茄半个，生菜数片，法国汁 75 克。

◉ **制作方法**

1）将生菜切成粗丝，堆放在沙拉斗内或盆子中间。将牛舌、鸡肉、火腿、奶酪均切成约 7 厘米长的粗条，和芦笋分别竖放在生菜丝的周围。

2）将熟鸡蛋去壳，与番茄均切成楔形，间隔放在上述各种食材的旁边，上菜时配一盅法国汁即可。

◉ **质量标准**　成品色彩鲜艳，香酸爽口。

（2）白豆火腿沙拉（white bean ham salad）

◉ **原料**　干白豆 250 克，熟火腿 100 克，青椒 20 克，洋葱末 20 克，生姜数片，法国汁 100 克。

● **制作方法**

1）将干白豆用冷水浸泡 12 小时，中间换两次水，使白豆干净洁白。沥去水分后，用一半法国汁调味。

2）将熟火腿切成 2 厘米见方的丁。将青椒去籽后切成一寸长的细丝，用开水略烫一下，沥干水分。将洋葱末放入水中泡一下，用纱布挤干。

3）将上述各种食材放在盛器内，加入剩余的法国汁、姜片，搅拌均匀即可。

● **质量标准**　成品色泽鲜艳，口感软烂。

（3）通心粉沙拉（macaroni salad）

● **原料**　通心粉 100 克，熟火腿 75 克，熟鸡蛋 1 个，小洋葱 1 头，酸黄瓜末 10 克，蛋黄酱 100 克，白葡萄酒 10 克，食盐 3 克，胡椒粉 1 克，生菜数片，味精、法国汁适量。

● **制作方法**

1）将通心粉用开水煮熟（不宜煮烂），用冷水冲凉后，沥干水分。将洋葱切成丝，用少许食盐腌渍一下，挤干水分备用。将蛋白、蛋黄分别切成末。

2）将酸黄瓜末、蛋白末、洋葱丝、通心粉、食盐、胡椒粉、味精、蛋黄酱、法国汁一起搅拌均匀后，放入垫有生菜的碗中，撒上蛋黄末。

3）将火腿切成宽条，用白葡萄酒调味后，堆放于通心粉沙拉表层即可。

● **质量标准**　成品色泽鲜艳，口感滑糯。

（4）什锦冷盘（assorted cold meat with salad）

● **原料**　烹制成熟的海鲜（或肉类等均可）适量，各种时令蔬菜、蔬菜沙拉、法国汁、蛋黄酱适量。

● **制作方法**

1）将各种烹熟的海鲜等主料分别切片装盆，要求厚薄均匀、拼摆整齐，并有一定的造型。

2）用蔬菜沙拉及各种蔬菜作为陪衬、装饰，倒入法国汁和蛋黄酱，搅拌均匀即可。

◆ **质量标准**　成品色彩鲜艳，细嫩鲜美。

（5）鸡肉苹果沙拉（cold chicken waldorf salad）

◆ **原料**　熟鸡脯肉 250 克，脆苹果 500 克，熟土豆 250 克，嫩西芹 300 克，核桃仁 10 克，生菜 20 克，鲜橙 100 克，鲜奶油 100 克，食盐 3 克，胡椒粉 1 克，色拉油适量。

◆ **制作方法**

1）将鸡脯肉切成 3 厘米长的粗丝。将土豆去皮、苹果去核，和西芹同样切成 3 厘米长的粗丝。

2）将核桃仁用开水烫一下，剥去皮后切片。将鲜奶油打发，再将上述切好的各种原料集中一起，放在大玻璃盅中（留一部分核桃仁），然后加色拉油、鲜奶油、食盐、胡椒粉，轻轻搅拌均匀即可装盆。

3）装盆时用生菜垫底，用鲜橙肉围边装饰，再将剩余的核桃仁撒在沙拉上面即可。

◆ **质量标准**　成品色调素雅，脆嫩爽滑。

（6）什锦蔬菜（assorted vegetable）

◆ **原料**　番茄片 300 克，黄瓜片 300 克，生菜 150 克，熟四季豆 200 克，红菜头片 150 克，煮鸡蛋片 4 片，油醋汁 150 克。

◆ **制作方法**

1）将除油醋汁外的各种原料分别装在半月形餐盘内，尽量摆放整齐。

2）上菜时根据顾客的需要浇上油醋汁即可。

◆ **质量标准**　成品颜色鲜艳，酸甜可口。

第四节　其他类型西餐冷菜制作工艺

一、胶冻类冷菜

胶冻类冷菜是指用动物凝胶和加工成熟的动植物原料制作而成的透明的胶冻状菜肴。它的制作原理主要是利用蛋白质的凝胶作用，其胶质是从肉皮、鱼皮等原料中提取的明胶，明胶能溶解于水，形成一种稳定的胶体溶液。

胶冻类冷菜主要是胶原蛋白含量丰富的热制冷食的冷菜，往往在正式宴会前、冷餐会上或鸡尾酒会上较为多见。

胶冻类冷菜的制作过程大致如下：

1. 将富含胶原蛋白的原料用水煮熟。

2. 将煮的汤汁经调味后制成胶冻汁。

3. 将胶冻类冷菜的原料切配成形并拼摆为一定造型，然后浇上胶冻汁，放入冰箱中冷却成冻状。

4. 上菜时，配上一些装饰料即可。

二、冷肉类冷菜

冷肉类冷菜主要指一些经过热加工后冷食的烧、烤、焖、腌制类的肉食及其制品。一般情况下，西餐中的冷肉类冷菜可按照其加工途径不同分为两种：一种是在厨房里由厨师加工制作的冷菜，主要是烤、焖、烧制的畜肉、禽肉等，其制作方法往往与热菜的制法相同；另一种则是由食品加工厂加工的肉类成品，常见的有各种火腿、灌肠等，经过简单切配即可直接食用。

冷肉类冷菜一般以各种蛋白质含量较高的禽类、畜类、水产品及各种蛋品为原料，多用于大型宴会及各类冷餐会。

三、时蔬类、腌菜类、泡菜类冷菜

1. 时蔬类冷菜

时蔬类冷菜是以生的蔬菜和水果为主要原料制作而成，可直接食用的一类冷菜，一般具有开胃、帮助消化及增进食欲的作用。

时蔬类冷菜一般选择各个季节的时令新鲜蔬菜和水果制作，多用于一般宴会和冷餐会。成品要求造型美观，色泽鲜艳，突出酸、甜、香、辣等口味。操作时要严格遵守卫生要求，以现做现吃为宜。

由于各地生活习惯不同，所以各种时蔬类冷菜的口味也不一样。英、法、德、意、俄等欧洲国家的时蔬类冷菜，一般以当地季节性时蔬为主要原料，口味突出酸、辣、咸、香等。拉美国家的时蔬类冷菜则以季节性的水果为主要原料，口味咸中略带甜味。

2. 腌菜类冷菜

腌菜类冷菜是将新鲜的蔬菜或水果用水洗净后加各种调味料并发酵一定时间而成的冷菜，风味特殊，具有酸香脆辣的特点，并有解腻的作用。

腌菜类冷菜一般选用一些质地细嫩、水分含量较多的新鲜蔬菜或水果制作，多适用于各种冷餐会、鸡尾酒会，也常作为普通冷菜的配菜。有时，腌菜类冷菜也可作为制作酸菜汤或酸菜沙拉的主要原料。

3. 泡菜类冷菜

泡菜类冷菜是将新鲜的蔬菜或水果加入各种调味料，在短期内进行泡制后食用的冷菜，味道以酸、甜、咸为主，口感鲜脆，吃起来较为爽口。

泡菜类冷菜一般选用新鲜的叶菜类蔬菜制作，也有少数选用新鲜水果制作。它多用于制作各种冷餐会或鸡尾酒会上的小吃，也常常作为宴会中的开胃小吃。

四、泥酱类冷菜

泥酱类冷菜指将动物内脏或新鲜的蔬菜、水果进行粉碎加工后制成泥状的一类冷菜。

泥酱类冷菜多适用于冷餐会、鸡尾酒会，可单独成为一道冷菜，也可作为其他菜肴的辅料。正常情况下，泥类冷菜多选择一些动物的内脏加入各种调味料制作而成，而酱类冷菜则多将新鲜水果粉碎后加入调味料制作而成。泥酱类冷菜在西餐中应用较多，尤其是在西式早餐中应用极其广泛。

五、胶冻类冷菜制作实例

1. 鸡冻（chicken in jelly）

● 原料　净鸡1只，全力汁750克，鲜黄瓜100克，豌豆100克，胡萝卜25克，洋葱25克，芹菜25克，食盐15克，香叶2片，生菜20克，辣根沙司、水适量。

● 制作方法

（1）将鸡洗净，加水、胡萝卜（留少许）、芹菜、洋葱、香叶、食盐，煮熟后晾凉，切成片备用。将黄瓜、胡萝卜切成花片。

（2）在模具底部浇上少许全力汁，冷凝后贴上胡萝卜片、黄瓜片，放上鸡肉片及豌豆，再浇上全力汁，放入冰箱冻结。

（3）取出鸡冻，扣在盘内，周围配上生菜，淋辣根沙司即可。

● 质量标准　成品晶莹透明，鸡肉软嫩。

2. 束法鸡（braised chicken with cream sauce）

● 原料　净鸡1只，鸡肝泥500克，奶油沙司500克，胡萝卜、洋葱、芹菜各50克，食盐10克，香叶2片，柠檬汁、全力汁、生菜、番茄片、水适量。

● 制作方法

（1）将鸡捆扎整齐，加水、洋葱、胡萝卜、芹菜、香叶、食盐，煮熟后冷却。

（2）将鸡脯肉片下，去除胸骨，在鸡腹中填入鸡肝泥备用。

（3）在奶油沙司内加入柠檬汁、适量全力汁并搅拌均匀，均匀地浇在鸡上，然后将鸡放入冰箱冷藏室冷藏后取出。在鸡胸部点缀图案，浇上一层全力汁，将鸡放入冰箱冷藏室冷藏后取出，再倒去盘内多余的沙司和全力汁，然后用生菜、番茄片等装饰点缀即可。

◆ **质量标准**　成品色泽洁白，图案美观。

3. 龙虾冻（lobster gelatine）

◆ **原料**　龙虾 1 千克，全力汁 750 克，蛋黄酱 150 克，黑鱼子 100 克，红鱼子 100 克，煮熟的鸡蛋 4 个，生菜 20 克，食盐 5 克，胡椒粉 3 克，香叶 1 片，白醋 5 克，胡萝卜 15 克，洋葱 15 克，芹菜 15 克，水适量。

◆ **制作方法**

（1）将龙虾洗净，放入锅内，加水、胡萝卜、洋葱、芹菜、胡椒粉、食盐、白醋、香叶，煮熟并泡在基础汤内晾凉，再剥去龙虾壳，将虾肉取出。

（2）将虾肉切成圆片，放入冰箱冷藏室至冷透后取出。将 100 克全力汁加入蛋黄酱中搅拌均匀，浇在虾片上，再将虾片放入冰箱，使其冻结。

（3）在冻结的虾上点缀图案，浇上一层全力汁，再次放入冰箱冻结，如此反复数次。

（4）将剩余的全力汁倒在盘底，放入冰箱冻结，然后将冻结的虾放在上面，周围配上红鱼子和黑鱼子、切成块的熟鸡蛋、生菜即可。

◆ **质量标准**　成品鲜艳晶莹，虾肉鲜嫩。

4. 柠檬鸡蛋咖喱冻（chicken in jelly with egg）

◆ **原料**　柠檬 50 克，鸡蛋 200 克，咖喱粉 80 克，砂糖 50 克，樱桃酒 100 克，开水适量。

◆ **制作方法**

（1）将柠檬挤出汁。将鸡蛋的蛋黄、蛋清分开。用开水将咖喱粉溶化调匀。将柠檬汁、蛋黄、砂糖放在一起搅拌均匀，将蛋清用打蛋器打成泡沫状备用。

（2）将泡沫状蛋清缓缓倒入咖喱液内，再倒入樱桃酒、蛋黄柠檬糖汁调匀，然后将其倒入模具内，放入冰箱内冷藏至凝固即可食用。

◆ **质量标准**　成品酸甜可口，鲜艳晶莹。

5. 苹果冻（apple gelatine）

● **原料** 苹果 200 克，小麦淀粉 20 克，鸡蛋 50 克，砂糖 75 克，柠檬汁 15 克，食盐 3 克，清水适量。

● **制作方法**

（1）将苹果削皮去核，刮成泥。鸡蛋取蛋清，打发至起泡，缓缓加入适量砂糖、小麦淀粉并调匀，将其放入盘内，放进冰箱冷藏成蛋白冻备用。

（2）将食盐、砂糖、小麦淀粉放在一起搅拌均匀，再加入苹果泥，用适量清水调匀，放入蒸锅用大火蒸至凝结，浇上柠檬汁，食用时配上蛋白冻即可。

● **质量标准** 成品酸甜爽口，色彩丰富。

6. 火腿慕斯（ham mousse）

● **原料** 熟火腿 500 克，鸡汁 150 克，全力水 100 克，打发奶油 200 克，食盐 3 克，胡椒粉 2 克，芥末 1 克，白兰地 15 克，马德拉酒 15 克。

● **制作方法**

（1）将模具刷上少许全力水。

（2）将火腿搅打成泥，放入冰箱中冷藏。火腿冷透后取出，加鸡汁、全力水、食盐、胡椒粉、芥末，慢慢搅拌均匀，最后加入打发奶油、白兰地、马德拉酒。

（3）立即将混合好的原料放入模具中，放进冰箱冷却。

（4）上菜前将制品反扣于盘中即可。如使用大型模具，取出后要改刀装盘。可用生菜、芫荽等装饰。

● **质量标准** 成品色泽鲜艳，口感肥滑。

7. 鸡肉卷（chicken roll）

● **原料** 净鸡 1 只(500 克)，鸡蛋 1 个，浓鸡汤全力汁 150 克，白葡萄酒 15 克，鼠尾草 4 克，食盐 5 克，胡椒粉 2 克，洋葱、胡萝卜、芹菜各 25 克，香叶 1 片，猪肉馅、水适量。

● **制作方法**

（1）将整鸡去骨，将鸡肉平放于砧板上，将其筋剁断，然后撒上适量食盐、胡椒粉和少量白葡萄酒腌渍入味。

（2）在猪肉馅中加入食盐、胡椒粉、白葡萄酒、鼠尾草、鸡蛋，搅拌均匀后平铺在鸡肉上，然后将鸡肉卷成圆筒形，用纱布包紧并用线绳捆好。

（3）将鸡肉卷放入锅中，加水、胡萝卜、洋葱、芹菜、香叶煮熟，取出冷却。

（4）将鸡肉卷切成片，码放在盘中，再将事先冻结的全力汁块切成小丁，撒在盘子四周，上菜时搭配一个沙司即可。

◆ **质量标准**　成品色泽浅黄，浓香微咸。

8. 葱汁肝泥（minced beef liver）

◆ **原料**　牛肝 750 克，猪肥膘 200 克，芹菜 50 克，洋葱 400 克，胡萝卜 65 克，黄油 50 克，鸡清汤 300 克，辣酱油 25 克，肉豆蔻 5 克，奶油 65 克，香叶 1 片，胡椒粉 30 克，食盐 10 克，熟猪油、水适量。

◆ **制作方法**

（1）将牛肝去膜、去筋，切成方块，用开水稍焯，捞出用水洗净。将猪肥膘切成小丁，将胡萝卜、洋葱（留少许）、芹菜洗净后切成小片。

（2）在焖锅内放入熟猪油加热，放入猪肥膘丁、香叶和切成片的胡萝卜、芹菜、洋葱，炒 3 分钟，再加入牛肝、胡椒粉、食盐炒片刻，加适量鸡清汤焖 4~5 分钟，然后将焖熟的牛肝取出碾碎，再放入锅内加热，加黄油、鸡清汤、肉豆蔻、奶油、辣酱油，搅拌均匀成泥状，即离火冷却。

（3）将剩下的洋葱切成小丁，炒成黄色。

（4）上菜时，将牛肝泥装盘，用刀抹光滑，然后压上花纹，撒上炒好的洋葱丁即可。

◆ **质量标准**　成品色泽灰红，味香微咸。

9. 法式鹅肝酱（French goose liver paste）

◆ **原料**　鲜鹅肝 1 千克，鸡油 1 千克，猪肥膘薄片（60 厘米 ×40 厘米），鸡蛋 3 个，马德拉酒 20 克，白兰地 10 克，味精 15 克，食盐 15 克，硝水 3 克，肉豆蔻粉 7 克，香草粉 1 克，香叶 4 片，百里香 3 克，白胡椒粉 10 克。

◆ **制作方法**

（1）将鹅肝去筋、膜，粉碎后过筛，再倒入粉碎机内，制成鹅肝酱。

（2）加入鸡蛋、马德拉酒、白兰地、硝水和味精、食盐等各种调味料（留少许百里香和香叶）搅拌，边搅拌边徐徐加入鸡油，至鸡油加完为止。

（3）取一个长方形模具，在四周垫入猪肥膘片，倒入鹅肝酱，用猪肥膘片将顶部盖严，在上面撒少许百里香，放上香叶，用盖子盖好。

（4）将模具放入 90~100 ℃的水中，以小火煮 2 小时，然后取出冷却，晾凉后放入冰箱冷藏。

（5）上菜前扣出，再切片装盆，并进行装饰点缀。

◆ **质量标准**　成品色泽暗红，肥滑细腻。

第五节　西餐冷菜装盘工艺

冷菜制作好以后，还要进行装盘。冷菜装盘也是一项特殊的工艺，它是衡量冷菜质量的重要标准之一，充分体现了西餐烹饪的艺术性。特别是专门用来展示的冷盘，要求具有很高的精确度和良好的艺术性。

西餐冷菜的装盘比较灵活，并没有太多的固定模式，富有经验的厨师可以根据不同的主题、原料、季节等因素，搭配出各种风格迥异的冷菜，以烘托就餐的气氛，增强顾客的食欲。在一定意义上，冷菜装盘的效果要超过烹调的效果。

一、西餐冷菜装盘的基本要求

1. 清洁卫生

冷菜装盘后都是直接供顾客食用，所以菜肴的清洁卫生特别重要。冷菜装盘时应避免与任何生鱼、生肉等接触，即使是直接装盘的蔬菜也必须经过消毒。此外，装盘所使用的刀具、器皿等也要经过消毒处理，以防污染。

2. 式样典雅

西餐冷菜大多是全餐的第一道菜，其造型美观与否直接影响顾客的食欲。冷菜装盘要力求自然典雅、美观大方，要考虑顾客身份、季节特点、宗教信仰、民族习惯等因素。

3. 色调和谐

冷菜装盘时在色调上如果处理得好，会给人一种清新、自然、和谐的感觉和美的享受。

此外，冷菜在装盘时还应重视对器皿的选择，要根据菜肴的色泽、形态选择器皿，使其与菜肴的色彩、形态达到和谐、统一。

二、西餐冷菜装盘的注意事项

冷菜中的中心装饰品或大块食品可以是一整块未切过的食品（如整块的冷烤肉），也可以是一个分成若干块但各部分有关联的食品。其中心装饰品不管是否可食用，都应当以可食性原料制成。

应当艺术性地摆放主要食品的切块或切片，装饰品应按切片的比例艺术性地摆放。

食品的摆放应易于处理和上菜，这样当一部分食品被取走时，不会影响其他食品的摆放。

盛装冷菜时可以采用多种材质的器皿如银器、瓷器等。但金属盘可能会褪色或使食品带上金属味，所以在摆放食品前应先在金属盘上铺一层薄肉冻。

装盘时，一旦食品接触到盘子，就尽量不要把食品移开。闪亮的盘子很容易弄脏，如果移开食品就要重新清洗盘子。

三、西餐冷菜装盘形式

1. 基本装盘形式

（1）平面式装盘

平面式装盘即将各种冷菜经加工处理后，平放于盘内。

（2）立体式装盘

立体式装盘主要用于高档冷菜。一般将整只的禽类、鱼类、龙虾及其他大块肉类原料等，通过厨师的构思、设计和想象装摆成各式各样的造型，再用其他装饰物搭配成高低有序、层次错落的立体式造型。

（3）放射状装盘

放射状装盘主要用于自助餐、冷餐会及高级宴会的大型冷盘，这种冷盘一般以冰雕、黄油雕及大型禽类或酱汁等为主体，周围呈放射状摆上各种食品。装盘时应注意各种冷菜原料色泽、造型之间的搭配。

2. 沙拉的装盘形式

沙拉的装盘并无定规，但要讲究色彩的协调以及沙拉与器皿的和谐搭配，使顾客易于食用、易于拿取，给人以美的享受。沙拉的装盘形式一般有以下几种：

（1）分格装盘

分格装盘适用于不同风味、不同味道的原料，多用于自助餐、冷餐等。还可视需要配以碎冰，以保持沙拉的清新、爽洁，促进人的食欲。

（2）圆形装盘

圆形装盘一般在沙拉盘内先垫上生菜等作为装饰，然后将调制好的沙拉放在中间，堆码成山丘状，使菜肴整体造型生动美观。

（3）混合装盘

混合装盘主要用于不同颜色及用多种原料调制的沙拉。装盘时要注意色彩的搭配、造型的美观。这类沙拉的调味汁一般多选用色浅、较淡、较稀的油醋汁或法国汁等，以保持原料原有的色泽和形态。

四、西餐冷菜装盘设计的原则

1. 事先计划

装盘前最好画一个草图，以避免后期重复处理食品。画草图常用的方法是将盘子分成 6 等份或 8 等份，以便形成一个平衡、对称的构图。

2. 使冷菜具有动感

好的装盘设计应使顾客的视线随着设计的线条在盘子中移动。一般来说，曲线具有动感，而方形则缺乏动感。

3. 使冷菜具有焦点

中心装饰品可以使整盘冷菜具有焦点，它通过方向和高度强调和加强设计的效果。可以使盘中所有食品的排列线都交会于一点，也可以使所有食品都朝向中心装饰品，或以优美的排列曲线环绕中心装饰品。

中心装饰品并不一定在盘子的中心。因为它较高，所以可以放在盘子的后部或侧部，这样就不会挡住其他食品。

并非每一盘冷菜都要有中心装饰品。但有一些冷菜必须有中心装饰品，否则餐台就会缺乏高度或视觉效果不好。

总之，在冷菜装盘过程中要事先做好计划，注重各种食品的合理比例，突出主题，把冷菜最好的一面呈现给顾客。

 **思考题**

1. 简述西餐冷菜的特点及分类。
2. 简述西餐冷菜的准备工作。
3. 制作西餐冷菜时要注意哪些事项？
4. 列举 5 种常见西餐开胃菜并简述其制作方法。
5. 列举 5 种常见沙拉并简述其制作方法。
6. 西餐冷菜装盘的形式有哪些？
7. 如何进行西餐冷菜装盘设计？

第十章

西餐热菜制作工艺

学习目标

1. 掌握常见西餐热菜烹制方法的适用范围和操作要点。
2. 掌握西餐热菜的调味方法。
3. 掌握常见西餐热菜品种的烹制方法。

第一节　西餐烹调加热方法

西餐烹调主要有干热法、湿热法、油热法、微波法等基本加热方法。

一、干热法

干热法主要包括烤、炙烤、扒等方法，有些在烤箱等密封容器中烘烤，有些则敞开直接灼烤。所用厨具设备多为明火炉灶、铁板或烤箱，传热方式主要是热辐射和热传导。如果原料在某些特殊热源设备中加热，也有热对流现象。

二、湿热法

湿热法的基本特征是将水或水蒸气作为热载体或传热介质，不管采用何种形式的加热设备，原料均不直接接触热源。其传热方式主要是热传导。

湿热法又分为液相湿热法和蒸汽相湿热法。液相湿热法主要包括汆、煮、烩、焖、炖、煨等，蒸汽相湿热法主要包括蒸等。

液相湿热法主要在常压下采用，但如果采用加压设备（如高压锅等），也可以在加压的条件下采用，如加压蒸煮。

三、油热法

油热法是一种以油为传热介质，在短时间内将原料加热成熟的烹饪方法，主要包括油炸（将食物全部或部分放入热油中加热）、炒（将食物放入少许油中翻拌加热）、煎（将食物放入浅油中加热）等。

四、微波法

微波法即使用微波炉加热食物的方法。微波本身并不产生热量，但它被食物吸收后，食物内的水分子会发生高频振荡，从而生热。利用微波加热的菜肴能保持菜肴本色。微波法适用于质地较嫩、富含水分的原料，如鱼虾、里脊肉、蔬菜等。

有些容器如金属容器不适合盛放食物放入微波炉内加热。这是因为金属会反射微波，使食物中的水分子无法吸收微波，且会发出刺耳的声音并产生火花。

盛放的容器必须能让微波穿透，且能耐高温，不致燃烧或分泌出毒素，所以纸木餐具（易燃）、漆器（有毒）和某些塑料制品（有毒）等都不适用，而陶瓷、耐热玻璃、聚丙烯、聚乙烯材质的容器及微波炉适用的保鲜纸都可以使用。

使用微波炉加热脂肪含量高的食物（如肥猪肉）时，最好在容器上方加一个相同材质的盖子，以免油脂受热后喷溅到微波炉内部，难以清理。

第二节　肉类的烹调加热方法

一、肉类烹调加热方法

采用干热法加热后,肉的表面容易形成硬壳,肉的风味发生改变。同时,由于蛋白质凝固变硬,肉的嫩度下降。一般情况下,高质量的嫩质肉最适于使用干热法烹调。例如,牛、羊、猪脊背部分的肉分别可以制作鲜嫩的烤牛排、烤羊排、烤猪排。

油热法主要适用于质地较嫩的肉类,这样不易使肉的嫩度下降。

采用湿热法加热肉类,可以提高含大量结缔组织的肉的嫩度。在较低温度下长时间采用湿热法进行烹调,可使结缔组织中的胶原蛋白转变成明胶,改善肉的嫩度。

含水量多的肉类原料(相对嫩的肉类),采用微波法加热更容易成熟,也更容易保持肉类的原有嫩度。

二、肉类的烹调温度与烹调时间

评价肉类烹调效果的指标有质感(嫩度)、多汁性、风味、外观和出品率等,其中前4项是最主要也是最常用的。这4项指标主要受烹调温度和烹调时间的影响,烹调温度与烹调时间是肉类烹调中两个相互关联的主要因素。

1. 烹调温度

肉的中心温度是判断肉成熟程度的一个重要参数，在西餐中通常用专门的肉用温度计进行测量。

肉用温度计分为直接型和间接型。直接型温度计的读数盘和探针直接连为一体，使用时将探针插至肉的中心部位，只有靠近肉才能看清读数盘上的指示温度。间接型温度计的读数盘和探针是分开的，二者通过电线相连，所以便于远距离的温度测量与控制。肉用温度计是目前唯一能够用来准确判断肉的成熟度并准确测量肉内部温度的工具。

长时间的高温烹调可以硬化肉类的肌纤维和结缔组织，汽化固有水分，消耗脂肪，引起肉块收缩。因此，品种、外形及质量均相同的两块牛肉，低温烤制的会比高温烤制的更嫩，汁液更多，风味更好。此外，低温烤制时脂肪不会大量溅开，不生烟，使得烤炉较干净，清洗方便。所以，一般推荐采用低温烹调的方法。当然，高温烹调方法也并非绝对不能用于肉类，例如，采用扒制法时，扒炉的温度可达 180~200 ℃。

采用湿热法加热时，烹调温度常保持在 100 ℃左右（采用高压锅的除外），只有延长加热时间，才能达到软嫩的口感。例如，炖牛肉时常在 100 ℃的条件下慢火加热 2 小时左右，使牛肉口感软烂、鲜美多汁。在烹调过程中，常常将叉子插进肉中检查其成熟程度。

2. 烹调时间

采用不同烹饪方法烹制肉类时，所需的时间长短不同。高温烹制肉类所需的时间一般比较短，低温烹制肉类所需的时间一般比较长。

（1）采用干热法的烹调时间

采用干热法烹制肉类时，烹调时间主要取决于以下几个因素：

1）肉块的体积和重量。肉块的体积越大、重量越重，热量传至肉中心部位的距离越远，烹调时间就越长。相同重量下，大块肉的烹调时间比小块肉要长，小而厚的肉块的烹调时间比薄而宽的肉块要长。

2）肉中骨头的含量。由于骨头能够较快地将热量传导到肉块内部，所以相同重量的无骨肋排肉和一般肋排肉，前者的烤制时间要长一些。

3）肉表层脂肪的厚度。肉类表层的脂肪是一个隔热层，可大大延长烹调时间。但是，丰富的大理石花纹状脂肪（即均匀分布的脂肪）可以缩短烹调时间，因为这种脂肪能够迅速将热量传导到肉的各个部分。

4）烹调的初始温度。室温下放置的肉块比刚从冰箱中取出的肉块能更快烹熟。一般来说，冻肉所需烹调时间是室温下放置的肉的3倍，是刚从冰箱中取出的肉的2倍。所以，烹调前最好将冻肉先进行解冻。

5）烹调温度。烹调温度高则烹调时间短，烹调温度低则烹调时间长。

6）肉块与热源的距离。肉块离热源越近，则温度越高，烹调时间越短。

（2）采用湿热法的烹调时间

1）肉块的体积和重量。肉块的体积越大、重量越重，烹调时间就越长。

2）肉块的固有嫩度。嫩度较低的肉需在较低温度下加热较长时间，而具有一定嫩度的肉，烹调时间可以短一些。

三、肉类的成熟度

适度烹调是肉类烹调的最高准则，它是保持肉类嫩度与菜肴风味的保证。以畜肉为例，其成熟度见下表。

畜肉的成熟度

成熟度	特点	内部温度
三分熟	内部为红色，按压时没有弹性并留有痕迹，肉质较硬	牛肉内部温度是49~50℃ 羊肉内部温度是52~53℃
四分熟	内部为红色，按压时没有弹性并留有痕迹，肉质较硬	牛肉内部温度是51~59℃ 羊肉内部温度是54~58℃
五分熟	内部为粉红色，按压时没有弹性但留有轻微痕迹，肉质较硬	牛肉内部温度是60~63℃ 羊肉内部温度是63℃
七分熟	内部没有红色，用手按压时没有痕迹，肉质硬，弹性强	牛肉、羊肉内部温度是71℃ 猪肉内部温度是74~77℃
全熟	内部没有红色，用手按压时没有痕迹，肉质硬，弹性强	畜肉内部温度均在78℃以上

需要注意的是，猪肉必须全熟才能食用。

四、确定肉类成熟度的方法

确定肉类成熟度的方法有很多，常见的有测温法、计时法、辨色法、触摸法、品尝法等。但在实际的菜肴制作过程中，常常结合几种方法同时判断，这样结果更为准确。

1. 测温法

烹调温度是影响菜肴嫩度的重要因素之一。温度过高，肉质就会变老，其质感变化主要源于肉中蛋白质的变性和蛋白质持水能力的变化。短时间加热时，肉中的蛋白质尚未变性，组织水分损失很少，所以肉质比较细嫩。加热过度后，蛋白质深度变性，肌纤维收缩脱水，造成肉质老而粗韧。所以，把握合适的烹调温度很重要。

西餐对肉类的烹调温度有严格的规定，而且多用肉用温度计测量食物的内部温度。这种科学的方法有助于人们找到同时保证口感与卫生的最佳温度。

2. 计时法

通过记录加热时间来确定肉类成熟度，是西餐中经常采用的方法。例如，烤牛肉时，一般每千克肉烤 44 分钟为生，烤 55 分钟为半生半熟，烤 66 分钟为熟透。又如，煎牛排时，牛排厚度为 2.5 厘米且与热源距离 5 厘米时，煎 10 分钟为生，煎 14 分钟为半生半熟，煎 20 分钟为熟透。

3. 辨色法

西餐比较重视辨色法，因为它比较直接、方便、快捷，而且实用效果好。只需在烹调过程中，观察切开肉块中心的颜色，红色为生，粉红色为半生半熟，褐色为熟透。

4. 触摸法

触摸法是西餐中常用的方法，一般用手指指端相互配合所感受的可感硬度确定肉类的硬度和弹性，以判断肉的成熟度。当拇指和其他手指捏住食物时，指端可以明显感受的硬度是不同的。拇指与食指捏住食物时指端感受的可感硬度为生，拇指与中指捏住食物时指端感受的可感硬度为半熟偏生，拇指与无名指捏住食物时指端感受的可感硬度为半生半熟，拇指与小指捏住食物时指端感受的可感硬度为熟透。

5. 品尝法

品尝法在西餐里较为常见，通过品尝可切实感受到肉类的成熟度。

第三节　西餐热菜调味方法

　　调味就是将菜肴的主、辅料与多种调味料适当配合，去除异味，增加美味，形成菜肴风味特点的过程。

一、调味的原则

1. 根据菜肴的风味特点调味

　　长期以来，西餐各式菜肴都已形成了各自的风味特点，所以，在调味中应注意保持其原有的特点，不能随便改变其固有的风味。例如，俄罗斯菜口味较重，英国菜口味较清淡，美国南部得克萨斯州靠近墨西哥地区的菜肴口味浓重偏辣。

2. 根据原料的性质调味

　　西餐烹饪原料有很多，特点各异。对于本身具有鲜美滋味的原料，要利用味道的对比原理，突出原料的本味；对于带有异味的原料，调味要偏浓重，利用消杀原理或调味料的化学反应去除异味。

3. 根据季节调味

　　人们口味的变化和季节有一定的关系。在炎热季节，人们多喜爱清淡口味的菜肴；在严寒季节，人们多喜爱口味浓郁的菜肴。在调味时应根据这种规律，灵活掌握菜肴口味的变化。

二、调味的作用

1. 确定菜肴的口味，形成菜肴的风味

菜肴的口味主要是通过调味确定的，调味还是形成菜肴风味的主要手段。西餐和中餐菜肴口味的不同主要是由于调味的不同形成的。同样是牛肉，由于使用的调味料不同，就可形成不同风味特点的菜肴。

2. 形成美味，去除异味

烹饪原料本身的滋味是有限的，甚至有的原料本身并无明显的美味，但可以通过调味增加其美味，制成人们喜爱的菜肴。同时，有的烹饪原料有异味，如水产品的腥味和羊肉的膻味，可通过调味加以去除。

3. 使菜肴品种多样化

菜肴品种的变化是由多种因素决定的，其中调味方法的变化是主要因素之一。同样的原料和同样的烹饪方法，使用不同的调味料，就可以制成不同风味的菜肴。

三、调味的阶段

1. 加热前调味

加热前调味又称基础调味，目的是使原料在烹制之前就具有一个基本味，同时消除某些原料的腥膻气味，改善原料的色泽、硬度和持水性。加热前调味主要用于加热中不宜调味或不能很好入味的菜肴。例如，烤制、炸制、煎制菜肴一般均需对原料进行基础调味。

加热前调味的具体方法主要有腌渍法、裹拌法等。采用腌渍法时，一般将加工好的原料用调味料（如食盐等）调拌均匀，浸渍一下，时间可长可短，根据具体要求而定。采用裹拌法时，原料的裹粉、调味和嫩化同时完成。

2. 加热中调味

加热中调味又称正式调味或定型调味，调味在加热炊具内进行，目的主要是使菜肴所用的各种主料、配料及调味料的味道融合在一起，相辅相成，从而确定菜肴的口味。

3. 原料加热后调味

加热后调味又称辅助调味，即菜肴起锅后上菜前或上菜后的调味，是调味的最后阶段，其目的是补充前两个阶段调味的不足，使菜肴口味更加完美或增加菜肴的特定口味。例如，炸制肉类菜肴往往在成菜后或上菜前撒椒盐或蘸番茄酱等，煎烤牛排类菜肴要在上菜前另浇沙司等调味。

并不是所有肉类菜肴都一定要进行上述 3 个阶段的调味。只完成一个阶段的称为一次性调味，其余的称为重复性调味。

第四节　西餐热菜烹制方法

一、炸

1. 操作方法

炸的操作方法是，把加工成形的原料进行调味，裹上粉或糊后，放入油中，完全浸没，加热至成熟上色。炸的传热介质是油，传热形式是热对流与热传导。

常用的炸制方法具体有两种：一是在原料表层沾匀面粉，裹上蛋液，再沾上面包粉或面包糠，然后进行炸制；二是在原料表层裹上面糊，然后进行炸制。

2. 菜肴特点

由于炸制菜肴是在短时间内用较高温度加热成熟的，原料表层可结成硬壳，原料

内部水分充足，所以菜肴具有外焦里嫩的特点，并有明显的脂香。

3. 适用范围

由于炸制菜肴要求原料在短时间内成熟，所以炸制法适用于粗纤维少、水分充足、质地细嫩、易成熟的原料，如鱼虾、嫩肉等。

4. 操作要点

（1）炸制的温度一般在 160~175 ℃之间，最高不超过 195 ℃，最低为 145 ℃。

（2）炸制菜肴不宜选用沸点较低的黄油或橄榄油。

（3）炸制体积大、不易成熟的原料时，要用较低的油温，以便热量逐渐向原料内部传导，使其熟透。

（4）炸制有面糊的菜肴要用较低的油温，使面糊膨胀，热量逐渐向原料内部传导，使其熟透。

（5）炸制体积小、易成熟的原料时，油温要稍高些，以便原料快速成熟。

（6）炸制用油一定要经常过滤，去除杂质，定期更换。

二、炸制菜肴制作实例

1. 酥炸香蕉（deep-fried banana fritter，西班牙菜肴）

酥炸香蕉

◆ **原料** 香蕉 800 克，鸡蛋 3 个，糖 35 克，糖粉 50 克，面粉 125 克，牛奶 100 克，白兰地 50 克，食盐 1 克，黄油 15 克。

● **制作方法**

（1）取 2 个鸡蛋，打成蛋液。将面粉（留少许）和食盐混在一起放在碗里，加入蛋液、黄油和牛奶，搅拌均匀，放置 1 小时后，将另一个鸡蛋分离出蛋清，倒入其中，打成牛奶糊。

（2）将糖放入白兰地中搅匀，将去皮的香蕉一剖两半，切成块浸入酒中，泡 30 分钟。

（3）将香蕉沾上适量干面粉，再放入牛奶糊中，然后取出，放入油锅，以 165 ℃ 炸 3 分钟后起锅，装盘时撒上糖粉，趁热上菜。

● **质量标准** 成品色泽金黄，香甜软糯。

2. 炸火腿奶酪猪排（fried pork chop with ham and cheese，意式菜肴）

● **原料** 净猪大排肉 75 克，奶酪 10 克，火腿 10 克，面包糠 35 克，蛋液 50 克，面粉 25 克，色拉油 250 克，食盐 3 克，胡椒粉 1 克，土豆泥 75 克，欧芹 5 克。

● **制作方法**

（1）将猪肉用肉锤拍开，稍剁。将奶酪与火腿切成薄片，放在猪肉中央，用猪肉将奶酪与火腿包好，成方形。

（2）在猪肉上撒食盐、胡椒粉，沾上一层面粉，刷上一层蛋液，沾上面包糠。

（3）将色拉油加热至 165 ℃，放入猪肉，炸至呈金黄色时捞出。

（4）装盘时，在盘边放上土豆泥，用刀压出花纹，放上猪肉，撒上欧芹即可。

● **质量标准** 成品色泽金黄，外焦里嫩。

3. 香炸鱼柳（deep-fried sole fillet，美式菜肴）

● **原料** 鱼 750 克，鸡蛋 1 个，面粉 50 克，面包粉 75 克，柠檬 50 克（挤出汁），辣酱油 15 克，白胡椒粉 2 克，鞑靼沙司 50 克，雪利酒 50 克，食盐 3 克，黄油 75 克，色拉油 150 克，蔬菜适量。

● **制作方法**

（1）将鱼洗净，去头、尾、皮、骨。将鱼肉切成条状，并分别用刀拍后放在盘中，淋上柠檬汁，撒上食盐、白胡椒粉，淋上雪利酒、辣酱油。

（2）将鸡蛋打成蛋液，将每块鱼肉沾上面粉，裹上蛋液，最后沾上面包粉，放入盛有色拉油的油锅，以 165 ℃ 炸 3 分钟即可。装盘时淋上熔化的黄油，配上蔬菜和鞑

靼沙司。

● **质量标准**　成品色泽金黄，鱼肉鲜嫩。

4. 黄油鸡卷（chicken à la Kiev，俄式菜肴）

● **原料**　净鸡脯肉75克，鲜面包糠50克，鸡蛋1个，面粉15克，白面包1个，炸土豆丝50克，煮熟的胡萝卜35克，青豆35克，粟米油250克，黄油25克，食盐1克，胡椒粉1克。

● **制作方法**

（1）将黄油捏成橄榄形，放入冰箱稍冻，沾上适量面粉备用。将面包切去四边，再斜切成坡形，并切去中央的一条面包，形成沟槽状，制成面包托。

（2）将鸡蛋打成蛋液。将鸡脯肉用刀拍平，剁断粗纤维，然后将橄榄形黄油放在鸡脯肉上，左手按住黄油，右手用力将鸡脯肉卷起，包严成橄榄形。鸡卷上撒食盐、胡椒粉，沾上面粉，刷上蛋液，沾上面包糠，用手按实。

（3）将粟米油倒入油锅，加热至140~150℃，放入鸡卷及面包托。面包托炸成金黄色时捞出，鸡卷则要不断转动，并随时往上浇油，使之均匀受热。油温保持在150℃左右，当鸡卷呈金黄色，油中气泡将尽时，将鸡卷捞出，用餐巾纸吸干油脂。

（4）盘内放上炸土豆丝、胡萝卜、青豆等配菜，摆上面包托，将鸡卷置于面包托上，再用纸花装饰即可。

● **质量标准**　成品色泽金黄，形似橄榄。

三、炒

1. 操作方法

炒（stir-fry）的操作方法是，将经过加工处理的小体积原料用少量的油、较高的温度，在短时间内加热成熟。

2. 菜肴特点

由于炒制的菜肴加热时间短，烹调温度高，而且在炒制过程中一般不加过多的汤汁，所以炒制的菜肴都具有脆嫩鲜香的特点。

3. 适用范围

炒适用于质地较嫩的原料，如里脊肉、外脊肉、鸡肉、一些蔬菜和部分熟料（如面条、米饭等）。

4. 操作要点

（1）炒的温度范围在 150~195 ℃。

（2）炒制的原料形状要小，而且大小、厚薄要均匀一致。

（3）炒制的菜肴加热时间短，翻炒频率要快。

四、炒制菜肴制作实例

1. 西班牙炒蘑菇（mushroom à la bourgeoise，法式菜肴）

西班牙炒蘑菇

● 原料　鲜蘑菇 500 克，芫荽 5 克，大蒜 50 克，布朗沙司 50 克，胡椒粉 2 克，食盐 3 克，黄油 25 克。

● 制作方法

（1）将鲜蘑菇洗净后切成丁，将大蒜切碎，将芫荽切成末。

（2）将平底锅烧热，加入黄油，再放入大蒜碎炒香，随即将蘑菇丁放入，炒到熟透时，加食盐、胡椒粉、布朗沙司，再略炒一下，起锅装盘，撒上芫荽末即可。

● 质量标准　成品鲜香嫩肥，色泽鲜艳。

2. 俄式牛肉丝（sauté shredded beef，俄式菜肴）

● 原料　牛里脊肉 120 克，酸奶油 10 克，红葡萄酒 50 克，红椒粉 2 克，布朗

沙司100克，食盐2克，胡椒粉1克，番茄酱15克，洋葱50克，青椒、红椒各30克，酸黄瓜100克，鲜蘑菇20克，黄油和米饭各50克。

◆ **制作方法**

（1）将牛里脊肉、洋葱、青椒、红椒、酸黄瓜均切成丝，将鲜蘑菇切成片。

（2）用黄油炒洋葱丝，炒出香味后放入番茄酱炒透，随之放入青椒丝、红椒丝稍炒，再放入牛肉丝，调入酸奶油、红葡萄酒、红椒粉、食盐、胡椒粉、布朗沙司并炒透。

（3）在盘边配上米饭，倒上牛肉丝即可。

◆ **质量标准**　成品色泽浅红，口味浓香。

五、煎

1. 操作方法

煎的操作方法是，将加工成形的原料腌渍入味后，用少量油加热至规定程度。煎的传热介质是油和金属，传热形式主要是热传导。

常用的煎制方法有三种：一是原料煎制前什么辅料也不沾，直接放入油中加热；二是将原料沾上一层面粉或面包粉，再放入油中煎制；三是将原料沾上一层面粉再裹上蛋液，然后放入油中煎制。

2. 菜肴特点

直接煎和沾面粉（面包粉）煎制的方法可使原料表层结壳，内部失水少，所制菜肴具有外焦里嫩的特点。裹蛋液煎制的方法能使原料保持充足的水分，所制菜肴具有鲜嫩的特点。

3. 适用范围

由于煎的方法是用较高的油温使原料在短时间内成熟，所以它适用于鲜嫩的原料，如里脊肉、外脊肉、鱼虾等。

4. 操作要点

（1）煎的温度范围在120~170℃，通常最高不超过195℃，最低不低于95℃。

（2）使用的油不宜多，原料最多只能有一半浸入油中。

（3）煎制形状薄、易成熟的原料时应保持较高的油温；煎制形状厚、不易成熟的原料时应保持较低的油温。

（4）煎制菜肴的开始阶段应保持较高的油温，然后再用较低的油温使热量逐渐向原料内部传导。

（5）煎制裹有蛋液的原料时宜用较低的油温。

（6）煎制过程中要适当翻转原料，使其均匀受热。在翻转过程中，不要碰损原料表面，以防原料水分流失。

六、煎制菜肴制作实例

1. 香煎法式小牛排（fillet mignon à la française，法式菜肴）

香煎法式小牛排

◆ **原料**　牛里脊肉（中段）500克，土豆丸子50克，时蔬50克，原汁沙司25克，色拉油250克，雪利酒50克，黄油100克，食盐5克，红酒沙司25克，胡椒粉2克。

⬡ **制作方法**

（1）将牛里脊肉切成5厘米见方的块，用肉锤拍平，平摊在盘内，两面撒上食盐和胡椒粉备用。

（2）将平底锅用中火烧热，加入色拉油，然后将牛里脊肉放入锅内，两面交替煎，煎至七八分熟，加入黄油、雪利酒、红酒沙司，翻炒几下即可。

（3）将时蔬炒熟，将土豆丸子炸熟。装盘时每盘装牛里脊肉两块，上面浇上原汁沙司，盘边配上时蔬、炸土豆丸子。上菜时，盘子上面可加盖玻璃罩。

◈ **质量标准**　成品色泽褐黄，口感鲜嫩。

2. 香煎大虾（fried prawn，美式菜肴）

香煎大虾

◈ **原料**　大虾 400 克，鲜蘑菇 100 克，奶油沙司 400 克，白葡萄酒 50 克，黄油 100 克，食盐、胡椒粉适量。

◈ **制作方法**

（1）将大虾洗净，挑去虾肠。

（2）将蘑菇表面切出花形，与大虾一起放入平底锅，用黄油煎制，然后加入食盐、胡椒粉和白葡萄酒，用中火焖，再加入奶油沙司煮沸，即可装盘。

◈ **质量标准**　成品色泽鲜艳，鲜嫩味美。

3. 煎鱼排（fish cake，荷兰式菜肴）

煎鱼排

● **原料** 鱼肉1千克,食盐5克,胡椒粉2克,时蔬25克,黄油150克,奶油沙司100克。

● **制作方法** 将鱼肉去刺、去骨后放在碗里,加食盐、胡椒粉并搅拌均匀,放入平底锅中,加入黄油,用中火煎透、煎黄即可。上菜时在鱼肉下垫上时蔬,在盘中摆上奶油沙司。

● **质量标准** 成品色泽金黄,口感软嫩。

4. 米兰猪排(Milan pork chop,意式菜肴)

米兰猪排

● **原料** 猪通脊肉1.5千克,鸡蛋5个,奶酪粉50克,面粉50克,食盐2克,胡椒粉2克,百里香1克,色拉油适量。

● **制作方法**

(1)将猪肉切成薄片,用肉锤拍薄,撒上食盐、胡椒粉。

(2)将鸡蛋打成蛋液,将奶酪粉、百里香和蛋液混合均匀。

(3)将猪肉沾一层面粉,再裹上混合蛋液,用少量油以微火煎熟即可。

● **质量标准** 成品色泽金黄,鲜香软嫩。

七、扒

1. 操作方法

扒(grill)的操作方法是,将加工成形的原料腌渍调味后放在扒炉上,烹至原料

带有网状的焦纹，并达到规定成熟度。扒的传热介质是空气和金属，传热形式是热辐射与热传导。

传统方法是采用扒炉操作，炉上有若干圆柱状铁条，每根铁条间距为 1.5~2 厘米。扒炉的燃料一般是木炭或燃气。烹制时，先在铁条上喷上或刷上食用油，然后将用食盐、胡椒粉、香料、食用油等腌渍过的鸡肉、牛肉、猪肉、鱼肉等原料放在扒炉铁条上，先扒原料的一面，待其上色快熟时再扒原料的另一面。操作时，常用移动原料的方法控制火候。

2. 菜肴特点

由于扒是用明火烤炙，温度高，能使原料表层迅速炭化，而原料内部水分流失少，所以，用这种方法制作的菜肴都具有漂亮的网状花纹、浓郁的焦香味及鲜嫩多汁的口感。

3. 适用范围

扒是一种温度高、时间短的烹饪方法，适用于鲜嫩的原料，如牛外脊肉、鱼虾等。

4. 操作要点

（1）扒制的温度范围一般在 180~200 ℃。

（2）扒制较厚的原料时要先用较高的温度上色，再降低温度扒制。

（3）要根据原料的厚度和顾客要求的成熟度掌握扒制的时间，一般在 5~10 分钟。

（4）扒炉上的铁条要保持清洁，制作菜肴时要刷油。

八、扒制菜肴制作实例

1. 黑椒扒牛排（sirloin steak with black pepper sauce，法式菜肴）

● **原料**　西冷牛排 4 块（每块均为 220 克），黑胡椒碎 15 克，盐 15 克，色拉油 15 克，黄油 100 克，大蒜 10 克，洋葱 30 克，干葱 2 克，西芹 50 克，布朗沙司 250 毫升，蔬菜适量。

● **制作方法**

（1）将适量黑胡椒碎压在牛排表面，刷上少量色拉油，放置 1 小时。将洋葱、大蒜、干葱切成粒备用。

（2）将 40 克黄油放入平底锅烧熔，放入蒜粒、洋葱粒、干葱粒、西芹炒制，再放入黑胡椒碎，慢火炒 2~3 分钟，然后加入布朗沙司，烧沸后用慢火煮 45 分钟，制成黑胡椒汁。

（3）将 60 克黄油放于扒炉上，放上牛排，煎至适合的成熟度，摆在盘中，淋上黑胡椒汁，放上适量蔬菜即可。

● **质量标准** 成品外酥里嫩，香味浓郁。

2. 铁扒大虾时蔬（grilled prawn and fresh vegetables，美式菜肴）

● **原料** 大虾 200 克，白葡萄酒 15 克，胡椒粉 2 克，洋葱 30 克，食盐 3 克，蔬菜、色拉油适量。

● **制作方法**

（1）将洋葱切成条，将大虾用白葡萄酒、食盐、胡椒粉和洋葱条腌 30 分钟。

（2）在扒炉上稍放些色拉油，扒制虾和蔬菜至成熟，最后装盘即可。

● **质量标准** 成品外酥里嫩，营养丰富。

九、煮

1. 操作方法

煮（boil）的操作方法是，将原料浸入水中或基础汤中，使水或汤保持微沸的状态，将原料加工成熟。其传热介质是水，传热形式是热对流和热传导。

2. 菜肴特点

由于煮制菜肴用水或基础汤加热，所以它具有清淡爽口的特点，同时也充分保留了原料本身的鲜美滋味。

3. 适用范围

一般的蔬菜、肉类原料都可以用煮的方法加工制作。

4. 操作要点

（1）煮制的温度始终保持在 100 ℃。

（2）水或基础汤的用量略多一些，使原料完全浸没。

（3）要及时除去汤中的浮沫。

（4）煮的过程中，一般不要加锅盖。

十、煮制菜肴制作实例

1. 芦笋奶油沙司（asparagus with bechamel sauce，法式菜肴）

● **原料**　新鲜芦笋 1 千克，鸡蛋 10 个，奶油沙司 150 克，鸡基础汤 750 克，食盐 3 克。

● **制作方法**

（1）将鸡基础汤放入汤锅，加食盐，用大火烧沸。加入芦笋，汤再次烧沸后即端锅离火，保温。

（2）将每个鸡蛋去壳，分别在开水中余熟，成水波蛋。

（3）装盘时，将芦笋沥干水分，每 3 根一组摆放在盘中，上面放 1 个水波蛋，浇上奶油沙司即可。

● **质量标准**　成品鲜嫩爽滑，色泽美观。

2. 咸猪蹄酸菜（boiled trotter with sauerkraut，德式菜肴）

● **原料**　咸猪蹄 1 只，土豆 500 克，卷心菜 10 克，酸菜 30 克，香叶 2 片。

● **制作方法**

（1）将咸猪蹄洗净，刮净细毛，放入开水中焯一下后捞出，斩成两段，脚圈、脚爪各一。将猪蹄放入煮锅，加适量清水至淹没猪蹄，再加香叶和卷心菜，用小火煮至熟而不烂。

（2）将土豆煮熟，将酸菜焖熟，装盘时在盘边放少量土豆和酸菜，再放上脚圈和脚爪，浇上一些汤汁即可。

● **质量标准**　成品口味咸鲜，油而不腻。

十一、焖

1. 操作方法

焖（braise）的操作方法是，将加工成形的原料初步热加工，再加入水或基础汤，加热使之成熟。焖以水为传热介质，传热方式主要为热对流和热传导。

2. 菜肴特点

由于焖制菜肴加热时间长，所以一般具有软烂、味浓、原汁原味的特点。

3. 适用范围

焖主要适用于结缔组织较多的原料，可根据原料的不同质地采用不同的加热时间。

4. 操作要点

（1）焖制前要用油进行初步热加工。

（2）基础汤用量要适当。

（3）焖制后再用原料调制沙司。

十二、焖制菜肴制作实例

1. 法式红焖牛肉（braised beef à la mode，法式菜肴）

● **原料**　牛腿肉1块（1.5千克），胡萝卜100克，猪肥膘100克，香叶1片，洋葱60克，芹菜50克，番茄酱100克，油面酱25克，红葡萄酒50克，辣酱油15克，食盐5克，胡椒粉1克，黄油50克，炒面条500克，青豆250克，清水适量。

● **制作方法**

（1）将牛肉洗净，用钢扦顺着牛肉的直纹穿几个洞，将胡萝卜和猪肥膘切成0.5厘米粗的条，分别插进肉洞。

（2）在牛肉的四面撒上食盐和胡椒粉，用适量黄油四面煎黄，取出后放入厚底焖锅。

（3）烧热平底锅，放入适量黄油，将胡萝卜条、芹菜、洋葱、香叶等炒香，再放入番茄酱炒透，然后倒入厚底焖锅内。

（4）在焖锅内再加入红葡萄酒、辣酱油、适量清水，烧沸后用小火烧2~3小时，随时注意将牛肉翻身，防止焦糊。

（5）牛肉焖熟后，将其切成厚片装盘。将原汁用油面酱收稠，浇在牛肉上，盘边配上炒面条、青豆。

● **质量标准**　成品肉质软烂，香味浓郁。

2. 意式红焖猪排（braised pork chop milanaise，意式菜肴）

● **原料**　猪精排1.5千克，胡萝卜25克，洋葱25克，芹菜25克，香叶1片，食盐15克，胡椒粉1克，黄油100克，番茄酱50克，辣酱油25克，白葡萄酒50克，

牛肉清汤 500 克。

◆ **制作方法**

（1）将猪排洗净，斩成两大段，撒上食盐和胡椒粉备用。

（2）烧热平底锅，放入黄油，将猪排煎至上色后，放入焖锅。

（3）在原平底锅内放入胡萝卜、洋葱、芹菜和香叶炒香，再加入番茄酱，炒至呈枣红色，将其倒入焖锅，加入辣酱油、白葡萄酒、牛肉清汤，先用大火煮沸，再用小火焖 1.5 小时。

（4）装盘时，将猪排带肋骨切成厚片，每份两片，浇上滤清的原汁，配上蔬菜即可。

◆ **质量标准**　成品色泽鲜艳，味道醇厚。

十三、烩

1. 操作方法

烩（stew）的操作方法是，将加工成形的原料放入用相应原汁调成的浓沙司内，加热至成熟。烩的传热介质是水，传热方式是热对流与热传导。根据烹调中使用的沙司不同，烩可分为红烩（加番茄酱）、白烩（加牛奶）、黄烩（白烩时加入蛋黄糊）等不同类型。烩制菜肴加热时间较长，并且前期大多要进行初步热加工。

2. 菜肴特点

由于烩制菜肴使用原汁和不同色泽的浓沙司，所以一般具有原汁原味、色泽鲜艳的特点。

3. 适用范围

各种动物性原料和植物性原料、各种质地较嫩的原料和较老的原料都可以烩制。

4. 操作要点

（1）沙司用量不宜多，以刚好覆盖原料为宜。

（2）烩制的菜肴大部分要进行初步热加工。

（3）烩制的过程中锅要加盖。

十四、烩制菜肴制作实例

1. 烩牛肉（stewed beef，英式菜肴）

红烩牛肉

◉ **原料**　牛肉 1.5 千克，番茄 250 克，培根 200 克，胡萝卜 150 克，白萝卜 150 克，芹菜 100 克，面粉 50 克，香叶 2 片，百里香 2 克，白胡椒粉 2 克，食盐 5 克，红葡萄酒 100 克，色拉油 250 克，番茄酱 100 克，牛肉汤 1 千克，油面酱 25 克，青蒜 100 克，水适量。

◉ **制作方法**

（1）将牛肉切成块，放入沸水中煮 5 分钟，取出沥干，然后撒上适量食盐、白胡椒粉，沾上面粉。

（2）锅中放入色拉油烧热，将牛肉煎黄。加入切成段的胡萝卜、白萝卜、芹菜，以及青蒜、切成块的番茄、培根、香叶、百里香、食盐、番茄酱、红葡萄酒、适量牛肉汤和油面酱烩制，再将制品转入大汤锅内，加适量水，盖严锅盖，用大火煮 1 小时，至牛肉成熟即可。

◉ **质量标准**　成品色泽红艳，味香汤浓。

2. 奶油烩鸡（stewed chicken with bechamel sauce，法式菜肴）

◉ **原料**　仔鸡 2.5 千克，胡萝卜 50 克，芹菜 50 克，洋葱 50 克，香叶 2 片，色拉油 150 克，黄油 50 克，鲜奶油 50 克，食盐 5 克，黑胡椒粒 1 克，胡椒粉 2 克，牛奶 500 克，油面酱 25 克，清水、配菜适量。

● 制作方法

（1）将鸡洗净，斩去头、爪、脊骨，带骨斩成若干块（每块 50 克左右），盛入盘内，撒上食盐和胡椒粉。

（2）将煎锅烧热，加入色拉油，将鸡块放入锅内，煎至两面呈嫩黄色，再放入汤锅内，加胡萝卜、芹菜、洋葱、香叶、黑胡椒粒、清水，用大火烧热，撇去浮沫，转用小火烩约 30 分钟。

（3）捞出鸡块，将原汤用洁净纱布滤清后倒回原锅，用大火煮沸，加牛奶和油面酱，慢慢搅拌均匀，成奶油沙司，然后再用洁净纱布滤清一次，加鲜奶油、熟鸡块煮沸后，再放些黄油，即可装盘。

（4）上菜时，盘边可放适量配菜。

● 质量标准　成品色泽奶白，味鲜滑糯。

思考题

1. 西餐烹调加热方法有哪几类? 它们各有什么特点?
2. 简述确定肉类成熟度的方法。
3. 简述西餐热菜调味的三个阶段。
4. 简述炸的操作方法、菜肴特点、适用范围和操作要点。
5. 简述煎的操作方法、菜肴特点、适用范围和操作要点。
6. 简述焖的操作方法、菜肴特点、适用范围和操作要点。

第十一章

西式早餐与快餐

学习目标

1. 了解西式早餐与快餐的品种。
2. 掌握常见西式早餐与快餐的制作方法。

第一节　西式早餐与快餐概述

一、西式早餐的分类

欧美人非常重视早餐，有些人还会利用早餐时间谈生意。西式早餐比较注重营养搭配，主要制作一些选料精细、粗纤维少、营养丰富的食品。

西式早餐一般可分为两种：一种是美式早餐（american breakfast），常见于英国、美国、加拿大、澳大利亚及新西兰等以英语为母语的国家和地区；另一种是欧式早餐（continental breakfast），常见于德国、法国等国家和地区。

欧式早餐比美式早餐简单，二者品种大致相同，但欧式早餐不供应蛋类制品。顾客如果要食用蛋类制品，需要另外付费。

二、西式早餐的原料

一是肉类，主要是培根、早餐肠（breakfast sausage）和火腿。

二是蔬菜，主要有土豆、番茄、芦笋等。

三是谷物，主要有燕麦粥（oatmeal）、薄饼（crepe）、吐司（toast）、压花饼（waffle）、煎饼（pancake）等。

四是蛋类，主要是鸡蛋。

三、西式早餐的品种

西式早餐的品种大致可分为水果和果汁、蛋类制品、面包类、麦片类、薄饼类、饮料、肉类制品（如香肠、火腿、培根）、其他类（如黄油、果酱等）。

以美式早餐为例，主要包括下列品种：

1. 水果和果汁

果汁又分为罐头果汁（canned juice）及新鲜果汁（fresh juice）。还有一种炖制品，是将水果干加水，用小火煮至汤汁蒸发殆尽、水果干质软为止，然后将制品用餐盘端上桌，用汤匙边刮边舀着吃。

（1）新鲜果汁

新鲜果汁主要有葡萄柚汁（grapefruit juice）、番茄汁（tomato juice）、橙汁（orange juice）、菠萝汁（pineapple juice）、葡萄汁（grape juice）、苹果汁（apple juice）、番石榴汁（guava juice）、木瓜汁（papaya juice）、新鲜胡萝卜汁（fresh carrot juice）、什锦蔬菜汁（mixed vegetable juice）等。

（2）罐头果汁

罐头果汁主要有蜜汁桃子（peach in syrup）、蜜汁杏（apricot in syrup）、蜜汁无花果（fig in syrup）、蜜汁梨（pear in syrup）、蜜汁枇杷（loquat in syrup）、什锦果盅（assorted fruit cup）。

（3）炖水果干

炖水果干主要有炖无花果干（stewed fig）、炖李干（stewed prune）、炖桃干（stewed peach）、炖杏干（stewed apricot）等。

2. 谷物类制品

谷物类制品一般用玉米、燕麦等制成，如玉米片（cornflake）、脆爆米（crispy rice）、脆麦（crispy rye）、泡芙（puff）、麦片、麦圈等，通常加砂糖及冰牛奶，有时还加香蕉片、草莓或葡萄干等。此外还有燕麦粥（oatmeal）或玉米粥（cornmeal porridge）等，以供顾客变换口味，吃时加牛奶和糖调味。

3. 蛋类制品

在西餐中，煮 3 分钟的蛋叫 soft-boiled egg，煮 5 分钟的蛋叫 hard-boiled egg，去壳水煮蛋叫 poached egg（又称荷包蛋或水波蛋）。此外还有炒蛋（scrambled egg）、煎蛋卷（omelet 或 omelette）等。

煎蛋、煮蛋、炒蛋等可选择火腿、培根、香肠作为配料，以食盐、胡椒粉调味。

煎蛋卷包括普通蛋卷（plain omelet）、火腿蛋卷（ham omelet）、火腿乳酪蛋卷（ham & cheese omelet）、西班牙式蛋卷（Spanish omelet）、草莓蛋卷（soufflé omelet with strawberry）、果酱蛋卷（jelly omelet）、乳酪蛋卷（cheese omelet）、香菇蛋卷（mushroom omelet）等。煎蛋卷通常用食盐与辣酱（tabasco）调味而不用胡椒，因为胡椒会使煎蛋卷硬化并留下黑斑。

4. 吐司和面包

吐司通常烤至焦黄。吐司分为 toast with butter 和 buttered toast。前者供餐时，吐司和黄油是分开的。后者供餐时，要将黄油涂在吐司上面。此外，还有多种糕饼，以供顾客变换口味。

吃吐司和面包的时候不可用叉子叉，要用手拿，抹上黄油、草莓酱（strawberry jam）或放上橘子酱（marmalade）。

常见的品种有玉米面包（corn bread）、松饼（plain muffin，须趁热吃，从中间横切开，涂上黄油、果酱、蜂蜜）、玉米松饼（corn muffin）、英国松饼（English muffin）、饼干（biscuit）、牛角面包（croissant，英国人称为 crescent roll）、压花饼（waffle，可涂上黄油食用）、糖衣油煎圈饼（glazed doughnut，要用手拿着咬）、巧克力油煎圈饼（chocolate doughnut）、果酱油煎圈饼（jelly doughnut）、素油煎圈饼（plain doughnut）、糖粉油煎圈饼（powdered sugar doughnut）、荞麦煎饼（buckwheat pancake，通常有 3~4 片，吃时将黄油放在热煎饼上使其熔化，然后将枫树蜜涂在上面，边切边用叉子叉着吃）、枫树蜜煎饼（hot cake with maple syrup）、法式吐司（French toast，将吐司蘸上用蛋液和牛奶调成的汁液，在平底锅中煎成两面发黄的吐司，吃时可涂果酱或撒上食盐及胡椒粉）、肉桂卷（cinnamon roll）、丹麦小花卷（miniature Danish roll）、黄油热烘丹麦花卷（hot Danish roll）等。

5. 饮料

饮料一般指咖啡或茶等不含酒精的饮品（不含果汁）。白咖啡（white coffee）是指加奶的咖啡，不加奶的咖啡称为黑咖啡（black coffee）。在国外，茶

（tea）一般指红茶（black tea），绿茶是 green tea。西式早餐的咖啡和红茶都是不限量供应。

四、西式快餐

西式快餐是指能在短时间内提供给顾客食用的各种方便西式菜点。在饭店中，各种西式快餐大都在咖啡厅、酒吧内供应，一般不单设专门的快餐厅。

西式快餐初创于二十世纪初的美国，当时仅限于在餐厅内出售一些汉堡包之类的快餐食品。二十世纪五十年代，为了适应快速的工作与生活节奏，以及人们饮食观念与需求的变化，西式快餐作为一种餐饮形式得到快速发展。

西式快餐以其特有的制售快捷、食用便利、服务简便、质量标准、价格低廉等特点，在二十世纪六十年代末七十年代初开始风靡世界。二十世纪八十年代末期，以麦当劳、肯德基等为代表的西式快餐大举进入中国市场，并迅速发展。

西式快餐品种很多，凡是制作简便或可以提前预制好的菜点都可以作为快餐食品供应。西式快餐常见品种主要有炸鱼柳、炸鸡、汉堡包、比萨、三明治、热狗、意大利面条等。

第二节　西式早餐热食制作实例

一、蛋类热食制作实例

1. 带壳水煮蛋（boiled egg in the shell）

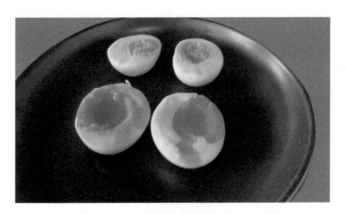

带壳水煮蛋

通常鸡蛋在煮制过程中，有煮3分钟（三分熟）、5分钟（五分熟）、10~12分钟（全熟）之分。

● 原料　鸡蛋6个，白醋30克，水500克，食盐10克。

◈ 制作方法

（1）将蛋放置于室温下，在带壳全蛋的气室一端刺一小孔，以避免煮时爆裂。

（2）在锅中放入水、白醋和食盐，煮沸，将蛋放入沸水中，用计时器计时。3分钟时捞起，蛋黄未凝固；5分钟时捞起，蛋黄半凝固；10分钟时捞起，蛋黄凝固。

（3）将蛋冲冷水后，剥去蛋壳即可。

2. 荷包蛋（水波蛋）

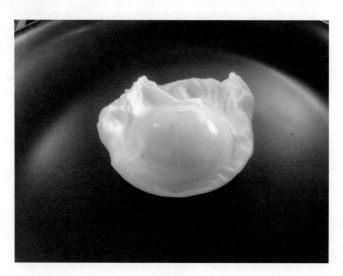

荷包蛋

荷包蛋或水波蛋是将去壳的鲜蛋放在65~85 ℃的热醋水中烫熟制成。3分钟时蛋黄呈流体状，5分钟时蛋黄微嫩，8分钟时蛋黄凝固。

◈ 原料　鸡蛋6个，白醋20克，水250克，食盐5克。

◈ 制作方法

（1）锅中放水，烧热到80 ℃，加入食盐、白醋，将蛋打破后放小碗中，然后顺着锅边倒入微沸的水中。

（2）用计时器计时或用指尖触摸蛋，判断所需成熟度。蛋煮好后用漏勺捞起即可。

3. 炒鸡蛋

炒鸡蛋

◆ **原料**　鸡蛋6个，鲜奶油20克，食盐5克，白胡椒粉1克，色拉油或黄油30克。

◆ **制作方法**

（1）将洗净的蛋打入碗中，加入鲜奶油、食盐、白胡椒粉后搅拌均匀。

（2）将锅烧热，放入色拉油或黄油，再倒入蛋液，以木匙搅拌至蛋质地柔嫩、多汁而湿润，但切勿热至过熟。

4. 煎蛋（fried egg）

煎蛋

煎蛋方法一般分为单面煎（one side fry，又称 sunny-side up）和双面煎（both sides fry 或 double sides fry）等。双面煎的蛋的成熟度又分为微熟（over easy，煎好一面就赶紧翻面，里面的蛋黄尚在流动）、中等熟或半熟（over medium）、全熟（over hard，煎一面时将蛋黄刺破，再翻面将蛋黄煎熟）。

◈ **原料**　鸡蛋6个，食盐5克，色拉油或黄油30克。

◈ **制作方法**

（1）将洗净的蛋去壳，放入碗中。

（2）将平底锅烧热，放入色拉油或黄油，将蛋倒入锅中，煎至蛋白凝固、蛋黄完整且软，撒上食盐即可。

5. 煎蛋卷

煎蛋卷

煎蛋卷时，将去壳打散的蛋液加入牛奶、鲜奶油或高汤、水等提高嫩度，在锅中用筷子或木匙拌炒至微软定型后，加入馅料，翻转成蛋卷状。

◈ **原料**　鸡蛋6个，鲜奶油30克，食盐5克，白胡椒粉1克，色拉油或黄油30克。

◈ **制作方法**

（1）将洗净的蛋打入碗中，加入鲜奶油、食盐、白胡椒粉后搅拌均匀。

（2）将锅烧热，放入色拉油或黄油，倒入蛋液，以木匙拌炒。

（3）在蛋液未完全凝固前，用木匙将其推至锅边，翻折成半圆形即可。

二、其他种类热食制作实例

1. 煎土豆饼（hash browns）

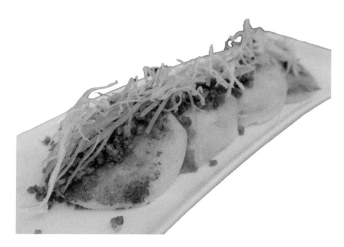

煎土豆饼

● **原料**　土豆 200 克，洋葱碎 10 克，培根碎 20 克，食盐 5 克，白胡椒粉 1 克，黄油 30 克。

● **制作方法**

（1）将土豆煮熟去皮，切成丝，加入洋葱碎、培根碎、食盐、白胡椒粉。

（2）将平底锅烧热，放入黄油，再放入上一步制好的混合原料，边煎边压，使之成饼状。一面煎黄后，再煎另一面，至两面金黄即可。

● **质量标准**　成品外焦里嫩，松软酥香。

2. 燕麦粥

● **原料**　牛奶 1 升，快熟燕麦片 2 千克，葡萄干 100 克，苹果丁 50 克，香草精 5 克，食盐 3 克，烤熟的杏仁 50 克。

● **制作方法**

（1）将所有原料（杏仁除外）放进锅里，煮沸之后转小火焖煮 20 分钟。

（2）食用前加入杏仁即可。

● **质量标准**　成品营养丰富，口感软糯。

3. 薄饼

法国薄饼的做法有数十种之多，饼馅的组合包括奶酪、火腿、蛋、香肠、蘑菇、海鲜、冰激凌、果酱、巧克力酱、水果等。一般来说，咸味的饼皮采用荞麦或法国俗称的黑面粉制成，呈现栗子壳般的褐色；甜味的饼皮用白面粉制成，呈奶黄色。前者的荞麦焦香和后者的牛奶甜香都很受人喜爱。

◆ **原料**　面粉 125 克，鸡蛋 2 个，糖 15 克，黄油 50 克，温热牛奶 25 克，馅料或蜂蜜等适量。

◆ **制作方法**

（1）将牛奶、鸡蛋、糖、面粉放在碗里搅拌均匀，直到没有面粉颗粒为止。

（2）将锅烧热，放入黄油，用汤勺舀入面糊。一面煎好后，翻面再煎，至两面金黄。

（3）食用时，包上馅料或淋上蜂蜜等即可。

◆ **质量标准**　成品色泽金黄，口感软韧。

4. 法国吐司

法国吐司的法文为 pain perdu，字面的意思是消失的面包。在古代，法国主妇为了将隔夜已经变硬却又舍不得丢弃的长棍面包、吐司等蘸以蛋液后或烤或煎，再撒上糖粉或抹上果酱食用。这种面包（吐司）就是最初的法国吐司。

◆ **原料**　白吐司 2 片，鲜奶 200 克，鸡蛋 2 个，细砂糖 10 克，黄油 20 克，香草精数滴，草莓酱汁 25 克，薄荷叶 3 克，糖粉 3 克，草莓适量。

◆ **制作方法**

（1）将鲜奶、鸡蛋、砂糖混合后搅打均匀（鲜奶分为甜味奶与原味奶，如果使用后者需要适量放糖），再加入香草精搅拌均匀。

（2）将每片吐司沿对角切成两个三角形，再将吐司浸泡在混合蛋液中，让吐司充分吸收蛋液，达到约五成饱和度。

（3）将黄油放入平底锅中加热熔化，接着放入三角形吐司，煎至两面皆呈金黄色即可熄火。

（4）将煎好的吐司放入盘中，淋上草莓酱汁，再挑出颗粒完整的草莓，放在吐司上，最后以薄荷叶及糖粉做装饰即可。

◆ **质量标准**　成品色泽金黄，外酥内软。

5. 烤面包

◆ **原料**　吐司 2 片，黄油 10 克。

◈ **制作方法**　将吐司抹上黄油，放入烤面包机中，烤至两面金黄即可。

◈ **质量标准**　成品色泽金黄，外酥内软。

6. 压花饼

压花饼又称华夫饼、格仔饼，是一种烤饼，源于比利时，用专用的烤盘烤成。

◈ **原料**　鸡蛋2个，牛奶150克，黄油20克，糖10克，食盐1克，面粉75克，泡打粉5克，色拉油适量。

◈ **制作方法**

（1）将牛奶、鸡蛋、糖放入碗中，搅拌至糖溶化，然后加入面粉、泡打粉、食盐和黄油，搅拌均匀，制成面糊。

（2）将烤盘刷上色拉油，倒入适量的面糊，盖上烤盘，烤至制品两面呈金黄色即可。食用时可佐以枫糖浆或蜂蜜。

◈ **质量标准**　成品色泽金黄，松软可口。

7. 煎饼

一般的薄煎饼称为pancake，制作精美而且比较薄。大一点的称为crepe。吃薄煎饼时，有些涂上普通糖浆，比较讲究的可以涂上枫糖浆，还有人喜欢涂以柠檬汁和糖粉。

◈ **原料**　低筋面粉120克，鸡蛋2个，色拉油20克，牛奶120毫升，糖10克，食盐2克，泡打粉5克。

◈ **制作方法**

（1）将鸡蛋打散，加入糖、食盐，搅打至二者溶解。

（2）加入适量色拉油、牛奶，搅拌均匀，筛入面粉、泡打粉，搅拌均匀，成光滑的面糊，放置10分钟。

（3）将平底锅加热，放少许色拉油润一下，将十分之一的面糊倒入锅的正中央，使其自然摊开成圆饼状。待其表面出现大气泡，轻轻翻面，煎至两面都呈金黄色即可。

（4）食用时，可撒上糖粉或淋上枫糖浆。

◈ **质量标准**　成品色泽金黄，香甜可口。

第三节 西式快餐制作实例

一、三明治制作实例

三明治是英语 sandwich 的译音,有的地方译作三文治,它源于英格兰的三明治镇。由于这种食品制作简单,营养丰富,又便于携带,所以很快在各地流传,并以"三明治"命名,后来逐渐发展为一种快餐食品。

1. 火腿三明治(ham sandwich)

火腿三明治

◆ **原料** 方面包片2片，火腿50克，黄油10克。

◆ **制作方法**

（1）将火腿切成片，将黄油抹在面包上，再将火腿片夹在两片面包片中间。

（2）将面包片四边的硬皮切去，再从中间斜切成大小相同的两块即可。用同样的方法可以制作芝士三明治、烤牛肉三明治、鸡肉三明治等。

2. 总会三明治（club sandwich）

◆ **原料** 方面包片3片，沙拉酱15克，熟火腿10克，鸡蛋1个，熟鸡肉20克，番茄20克，生菜20克。

◆ **制作方法**

（1）将方面包片烤成金黄色，再涂上沙拉酱。

（2）将熟火腿切成2片，将鸡蛋打散，将二者用油煎熟。

（3）将熟鸡肉、番茄切成片。将生菜、熟鸡肉片、番茄片夹放在两片面包片中间，再将火腿片码在上层面包片上，盖上第三片面包片，用手稍压。

（4）切去面包片四周硬皮，再沿对角切成两块，在每块上插一根牙签即可。

3. 金枪鱼三明治（tuna sandwich）

◆ **原料** 方面包片3片，黄油10克，熟金枪鱼肉75克，千岛汁、生菜适量。

◆ **制作方法**

（1）将面包片两面烤成金黄色，再抹匀黄油。

（2）将适量生菜、金枪鱼肉淋上千岛汁，放在两片面包片中间。

（3）在上层面包片上放上适量生菜、金枪鱼肉，淋上千岛汁，盖上第三片面包片。

（4）切去面包片四周硬皮，再切成2块或4块，插上牙签即可。

以上是英国式和美国式三明治的制作方法。此外，还有法国的长面包三明治、比利时的三明治卷等。

二、汉堡包制作实例

汉堡包最初源于德国的汉堡肉饼。德国汉堡地区的人常用剁碎的牛肉末和面粉做

成肉饼，煎烤而食，这种食品因而得名汉堡肉饼。后来，德国移民将汉堡肉饼的烹制技艺带到美国，它逐渐与三明治相结合，即将牛肉饼夹在一剖为二的小面包当中一同食用，这种食品便被称为汉堡包。

1. 牛柳汉堡包（beef fillet burger）

牛柳汉堡包

◆ **原料**　汉堡面包 4 个，牛里脊肉 600 克，瑞士奶酪片 150 克，生菜 50 克，番茄片 50 克，酸黄瓜片 25 克，黄油 20 克，食盐、胡椒粉适量，炸土豆条、蔬菜沙拉适量。

◆ **制作方法**

（1）将汉堡面包横切为两半，切面涂上黄油。将面包放在热扒板上，将切面扒至上色。

（2）将牛里脊肉切成 4 份，加工成圆饼状，用食盐、胡椒粉调味，放在扒炉上扒至所需要的成熟度。

（3）将生菜、番茄片、酸黄瓜片放在底层面包上。

（4）在扒好的牛排上面放上奶酪片，放入明火焗炉加热至奶酪熔化。

（5）将奶酪牛排放在放有蔬菜的面包上，盖上另一半面包，放入盘中。

（6）上菜时，配上炸土豆条、蔬菜沙拉即可。

2.鸡腿汉堡包（chicken burger）

鸡腿汉堡包

● **原料**　鸡腿 750 克，沙拉酱 25 毫升，汉堡面包 6 个，生菜 50 克，番茄片 12 片，食盐、胡椒粉、食用油适量。

● **制作方法**

（1）将鸡腿去骨，先用食盐、胡椒粉腌制，再用油煎熟。

（2）将汉堡面包横切为两半，放在热扒板上，将切面扒至上色。

（3）将生菜、番茄片、鸡腿放在底层的面包上，倒上沙拉酱，盖上另一半面包即可。

三、比萨制作实例

比萨是英文 pizza 的译音。比萨最早源于意大利的那不勒斯，由那不勒斯的面包师首创。它由特殊的饼底、酱汁、馅料和乳酪构成，具有鲜明的意大利风味。

1.夏威夷比萨（Hawaii pizza）

夏威夷比萨

◆ **软皮比萨面部分原料** 面粉 200 克，酵母 6 克，牛奶 140 毫升，糖、食盐适量。

◆ **馅料部分原料** 里脊火腿 75 克，青椒丝、红椒丝各 100 克，番茄沙司 30 毫升，奶酪粉 50 克，欧芹适量。

◆ **制作方法**

（1）将面粉、牛奶、酵母、糖、食盐混合并制成面团。

（2）面团经两次或三次发酵后，将其分成两份并分别揉成圆形面团。

（3）待面团稍膨胀后，用手压成四周略厚的圆饼。

（4）将火腿切成薄片。在面饼表面涂上番茄沙司，码上火腿片，加入适量的青椒丝和红椒丝，撒上奶酪粉。

（5）将制品放入 200 ℃的烤箱内，烘烤 15~20 分钟，直至面皮香脆，奶酪熔化，点缀上欧芹即可。

2. 海鲜比萨（seafood pizza）

海鲜比萨

◆ **硬皮比萨面部分原料** 面粉 120 克，牛奶 70 毫升，黄油 15 克，食盐适量。

◆ **馅料部分原料** 蟹肉 250 克，熟大虾肉 375 克，培根 80 克，番茄沙司 50 毫升，青椒丝 30 克，洋葱碎 40 克，奶酪粉 250 克，牛至、色拉油适量。

◆ **制作方法**

（1）将面粉过筛，加入黄油、食盐及牛奶，调成面团。将面团揉至上劲，表面有光泽。

（2）将培根片用色拉油煎至香脆，控油备用。

（3）将面团擀成薄的圆饼，放入比萨模内，表面刷上番茄沙司，撒上洋葱碎、青椒丝、蟹肉、虾肉、奶酪粉和牛至。

（4）将制品放入 200 ℃的烤箱内，烘烤 15~20 分钟，直至比萨表面上色。

四、意大利面条制作实例

据说意大利面条源于中国的面条，是由马可·波罗带到意大利的，后经数百年的改良与发展，形状产生了诸多变化。意大利面条调制方法简单，滋味可口，不但可以作为主菜或配菜，也适合作为快餐食品。意大利面条一般放在盐水中煮至七分熟左右即可。

1. 肉酱意面（spaghetti Bolognese）

肉酱意面

● 原料　意大利直面 600 克，牛肉馅 400 克，橄榄油 75 毫升，鲜蘑菇 50 克，番茄 300 克，洋葱 50 克，番茄酱 50 克，胡萝卜 40 克，烧汁 100 毫升，香料包（含香叶、百里香、欧芹）、食盐、胡椒粉、盐水适量。

● 制作方法

（1）将洋葱、胡萝卜、蘑菇切成碎末，用橄榄油炒至呈褐色。

（2）加入牛肉馅，用小火慢慢将牛肉炒干，直至呈褐色。

（3）加入去皮、去籽、切成粒的番茄，加热至软烂后加入番茄酱炒透，使色泽变红。

（4）加入烧汁、香料包、食盐、胡椒粉，以小火煮至菜汁微沸并保持此状态，待菜汁浓稠后，取出香料包，即成肉酱。

（5）将意大利直面用盐水煮熟，放入盘内，浇上肉酱即可。

2. 米兰式通心粉（macaroni milanaise）

米兰式通心粉

● **原料** 意式通心粉 100 克，奶酪粉 25 克，黄油 25 克，洋葱碎 20 克，胡萝卜碎 20 克，西芹碎 30 克，蒜泥 5 克，番茄沙司 125 克，肉馅 10 克，食盐、胡椒粉、盐水、清水适量。

● **制作方法**

（1）将通心粉用盐水煮至八分熟，捞出控干水分。

（2）用黄油将洋葱碎、胡萝卜碎、西芹碎、蒜泥炒香，放入肉馅炒匀，再加入番茄沙司和少量清水，煮成肉酱。

（3）将肉酱和通心粉拌匀后，用食盐、胡椒粉调味，在上面撒上奶酪粉即可。

五、热狗制作实例

热狗起源于美国，是一种面包夹肠的方便食品。热狗除了在面包内夹肠外，还可以夹入生菜、番茄、黄瓜、番茄沙司、奶酪等。以下介绍美式热狗的制作方法。

美式热狗

● 原料 热狗面包1个，热狗肠1根，沙拉酱、番茄沙司、生菜、洋葱圈、色拉油适量。

● 制作方法

1. 将热狗肠放入热的色拉油中稍炸。

2. 将热狗面包从侧边切开（不切断），抹上沙拉酱。

3. 夹入生菜，放入炸好的肠，挤上番茄沙司，再装饰上洋葱圈即可。

思考题

1. 简述西式早餐的分类及其主要原料。

2. 美式早餐的品种主要有哪几类？试列举10个品种。

3. 西式快餐常见制品有哪些？

4. 简述煎蛋卷的制作方法。

5. 简述总会三明治的制作方法。

附录
西餐烹调常见词汇中英文对照

一、蔬菜（vegetable）

中文	英文	中文	英文
菠菜	spinach	土豆	potato
莼菜	water-shield	木耳	woodear
大白菜	Chinese cabbage	银耳	tremella fuciformis
黄花菜	daylily	豆芽	bean sprout
荠菜	shepherd's purse	黄豆芽	soybean sprout
苦苣	endive	蘑菇	mushroom
韭菜	Chinese chive	草菇	straw mushroom
卷心菜	cabbage	香菇	shiitake fungus
空心菜	water spinach	地瓜	sweet potato
西芹	celery	冬瓜	wax gourd
青菜	greens	黄瓜	cucumber
生菜	lettuce	酸黄瓜	pickle 或 gherkin
芫荽	coriander	苦瓜	bitter gourd
油菜	rape	南瓜	pumpkin
紫菜	laver	丝瓜	loofah
水芹	cress	百合	lily bulb
大葱	scallion	菜花	cauliflower
香葱	chive	荸荠	Chinese water chestnut
洋葱	onion	生姜	ginger
茭白	water bamboo	茄子	eggplant
白萝卜	turnip	辣椒	chili
胡萝卜	carrot	青椒	green pepper
小萝卜	radish	甜椒	sweet pepper
水萝卜	summer radish	芥蓝	Chinese broccoli
菜豆（芸豆）	kidney bean	西葫芦	pepo
豌豆	pea	藕	lotus root
黄豆	soybean	番茄	tomato

续表

中文	英文	中文	英文
大蒜	garlic	竹笋	bamboo shoot
蒜苗	garlic sprout	芋头	taro
蒜薹	garlic bolt	茴香	fennel
冬笋	winter shoot	山药	Chinese yam
芦笋	asparagus	莲子	lotus seed
莴笋	asparagus lettuce		

二、肉类（meat）

中文	英文	中文	英文
火鸡	turkey	牛柳	tenderloin
鸡肉	chicken	牛腩	beef flank
琵琶腿	chicken drumstick	牛肉	beef
鸡胗	chicken gizzard	眼肉	rib eye
鸡翅尖	chicken wingtip	西冷牛排	sirloin steak
鸡翅中	chicken middle joint wing	牛舌	ox tongue
鸡整翅	chicken whole wing	牛尾	ox tail
凤爪	chicken paw	羊肉	mutton
鸭肉	duck	猪排	pork chop
金钱肚	honeycomb tripe	猪肉	pork
带骨牛小排	short rib	猪蹄	trotter
T 骨牛排	T-bone steak	猪腰	pig kidney
牛百叶	omasum	板腱	top blade muscle
牛唇	ox lip	火腿	ham
牛肚	ox tripe	大肠	large intestine
牛肋条	finger meat	小肠	small intestine

三、水产品（aquatic products）

中文	英文	中文	英文
鱼	fish	鲈鱼	perch
大比目鱼	halibut	鳕鱼子	cod roe
鲭鱼	mackerel	岩鲽	rock sole
比目鱼	flounder	鳟鱼	trout
鲳鱼	pomfret	大虾	prawn
鲱鱼	herring	虾仁	peeled prawn
鲱鱼子	herring roe	白虾	white shrimp
挪威三文鱼	atlantic salmon	淡水螯虾	crayfish
粉红鲑	pink salmon	北极甜虾	cold-water prawn
狗鲑	chum salmon	黑虎虾	black tiger shrimp
海鲷	sea bream	龙虾	lobster
鳗鱼	eel	小虾	shrimp
红鲣	red mullet	螃蟹	crab
红鱼	redfish	珍宝蟹	Dungeness crab
黄鱼	yellow croaker	青口贝	green mussel
鱿鱼	squid	扇贝	scallop
金枪鱼	tuna	鸟蛤	cockle
鳐鱼	skate	玉黍螺	winkle
鲤鱼	carp	牡蛎	oyster
沙丁鱼	sardine	贻贝	mussel
鳕鱼	cod	章鱼	octopus
象拔蚌	geoduck		

四、水果（fruit）

中文	英文	中文	英文
草莓	strawberry	橙	orange

续表

中文	英文	中文	英文
鳄梨	avocado	苹果	apple
番石榴	guava	葡萄	grape
菠萝	pineapple	葡萄柚	grapefruit
蓝莓	blueberry	桑葚	mulberry
血橙	blood orange	石榴	pomegranate
橘子	tangerine	柿子	persimmon
椰子	coconut	桃	peach
梨	pear	无花果	fig
李子	plum	西瓜	watermelon
芒果	mango	仙人果	prickly pear
木瓜	papaya	香蕉	banana
柠檬	lemon	杏	apricot
欧楂果	medlar	海枣	date
枇杷	loquat	樱桃	cherry

五、饮品

中文	英文	中文	英文
红茶	black tea	红葡萄酒	red wine
矿泉水	mineral water	鸡尾酒	cocktail
苏打水	soda water	朗姆酒	rum
汽水	soft drink	特基拉酒（龙舌兰酒）	tequila
啤酒	beer	白兰地	brandy
生啤酒	draft beer	伏特加	vodka
罐装啤酒	canned beer	威士忌	whisky
黑啤酒	dark beer	香槟	champagne
白葡萄酒	white wine	白咖啡	white coffee

六、调料（seasoning）

中文	英文	中文	英文
食盐	salt	咖喱	curry
食醋	vinegar	罗勒	basil
酱油	soy sauce	迷迭香	rosemary
食糖	sugar	混合胡椒	mixed pepper
砂糖	granulated sugar	肉桂	cinnamon
绵白糖	caster sugar	沙茶酱	barbecue sauce
冰糖	sugar candy	莳萝	dill
麦芽糖	maltose	鼠尾草	salvia
味粉	gourmet powder	八角	star anise
丁香	clove	白芝麻	white sesame
肉豆蔻	mace	百里香	thyme
番茄酱	ketchup	香芹粉	fragrant celery powder
黑胡椒沙司	black pepper sauce	牙买加胡椒粉	Jamaican pepper
红椒粉	paprika	意大利香草粉	Italy vanilla powder
芥末酱	mustard		

七、乳制品（dairy products）

中文	英文	中文	英文
奶粉	milk powder	马苏里拉奶酪	mozzarella
炼乳	condensed milk	奶油奶酪	cream cheese
淡奶	evaporated milk	帕尔马奶酪	parmesan cheese
奶油	cream	烟熏奶酪	smoked cheese
黄油	butter	酸奶	yogurt
奶酪	cheese	奶昔	milkshake
切达奶酪	cheddar		

八、厨房用具

中文	英文	中文	英文
肉叉	fork	碗	bowl
铲	scoop	炉子	stove
刀叉架	knife rest	燃气灶	gas cooker
砧板	cutting board	电灶	electric cooker
长柄大汤勺	soup ladle	微波炉	microwave oven
漏勺	skimmer	高汤锅	stockpot
打蛋器	egg whisk	双耳汤锅	saucepot
磨餐刀板	knifeboard	蒸锅	steamer
盘子	plate	焖锅	stewpot

九、烹饪方法（cooking method）

中文	英文	中文	英文
炒	stir-fry	烤	roast
烩	stew	炸	deep-fry
烘烤	bake	熏	smoke
煎	fry	蒸	steam
扒	grill		

十、加工技法（processing technique）

中文	英文	中文	英文
雕刻	carve	切	cut
剁	chop	削	pare
拍	slap		

十一、口感（mouthfeel）

中文	英文	中文	英文
生的	raw	五分熟	medium
一分熟	rare	七分熟	medium well
三分熟	medium rare	全熟	well done

十二、与菜单相关

中文	英文	中文	英文
欧式西餐	continental cuisine	甜点	dessert
今日特选菜肴	today's special	冰激凌	ice cream
招牌菜	specialty	蛋糕	cake
主厨特别推荐	chef's special	汤	soup
零点菜单	à la carte	奶油汤	cream soup
法国菜	French cuisine	肉类	meat
调味料	condiment	牛排	steak
海鲜	seafood	三明治	sandwich
海鲜羹汤	chowder	沙拉	salad
家禽	poultry	沙司	sauce
煎蛋卷	omelet (omelette)	套餐	set menu
开胃酒	aperitif	早餐	breakfast
面包	bread	午餐	lunch
小型法式面包	French roll	正餐	dinner
面食	pasta	宵夜	late snack
奶酪	cheese	自助餐	buffet
比萨	pizza	快餐	fast food
新鲜水果	fresh fruit		

十三、工作人员

中文	英文	中文	英文
行政总厨	executive chef	蛋糕师	cake chef
厨师长	chef	仓库主管	warehouse supervisor
副厨师长	sous chef	帮厨	kitchen helper
主管	station chef	杂务工	kitchen porter
厨师领班	demi chef	男服务员	waiter
厨师	cook	女服务员	waitress
面包师	baker	经理	manager